Lehrbuch der technischen Physik.

(Mechanik, Wärmelehre, Optik.)

III. Teil: Optik

mit Einführung in die Wellenlehre und die Gesetze der strahlenden Energie.

Für den Gebrauch an technischen Mittelschulen und zum Selbststudium.

Von

Dipl.-Ing. **Paul Müller**,
Oberlehrer an der Kgl. höheren Maschinenbauschule Aachen.

Mit 130 Figuren und einer Tafel.

BERLIN W
VERLAG VON M. KRAYN
1912.

Vorwort zum dritten Teil.

In den Lehrplänen der technischen Mittelschulen wird der Optik meist nur ein bescheidener Raum zugewiesen, nicht allein wegen der Knappheit der verfügbaren Zeit, sondern auch, weil diese Wissenschaft nicht so wie Mechanik und Wärmelehre die unentbehrliche Grundlage des eigentlichen Fachstudiums bildet, und weil ihre technischen Anwendungen nicht so unmittelbar in Erscheinung treten. So bietet sich überdies auch im technischen Fachunterricht kaum mehr Gelegenheit, die Lehren der Optik zu erweitern, während jene übrigen Lehrgebiete der Physik den Vorteil ständiger Anwendung und Vertiefung für sich haben. Gegenüber solcher Beschränkungen erscheint der Wunsch und die Absicht nicht ungerechtfertigt, wenigstens im Lehrbuch einen etwas umfassenderen Ueberblick über das große und interessante Gebiet der Optik zu geben. Wenn auch z. B. die Polarisationserscheinungen des Lichts im Unterricht selbst nicht besprochen werden können, so darf doch ein Lehrbuch auf eine — wenn auch knappe — Behandlung dieser für das Verständnis der Wellentheorie des Lichts so unentbehrlichen Erscheinungen ebensowenig verzichten, wie auf die Einführung in die Wellenlehre selbst. Die Erfahrung, daß begabte Schüler gerade für die Optik ein tieferes persönliches Interesse bekunden, hofft der Verfasser auch unter den Benutzern dieses Buches bestätigt zu finden.

Dem technischen Charakter des hier Gebotenen entsprechend erschien es angezeigt, an passenden Stellen eine Reihe von führenden optischen Werkstätten zu nennen und so einen Hinweis auf diese so hoch entwickelte deutsche Industrie zu geben. In entgegenkommendster Weise unterstützten die meisten Firmen den Verfasser durch Ueberlassung von — z. T. besonders angefertigten — Klischees und von Katalogen, durch Auskünfte und Führungen bei gelegentlichen Besuchen einzelner Werkstätten. An dieser Stelle sei daher noch einmal den folgenden Firmen besonderer Dank ausgesprochen: Emil Busch-Rathenow, R. Fueß-Steglitz, G. Heyde-Dresden, A. Krüß-Hamburg, E. Leitz-Wetzlar, E. Leybolds Nachf.-Köln, F. Schmidt & Haensch-Berlin, Carl Zeiß-Jena.

Endlich sei nicht versäumt, der Verlagsbuchhandlung nochmals den besten Dank auszudrücken für die rühmenswerte geschäftliche Behandlung dieser Arbeit und das vielseitige Entgegenkommen.

Aachen, Mai 1912.

Dipl.-Ing. **Paul Müller.**

Inhaltsverzeichnis.

III. Teil: Optik.

Berichtigungen zum zweiten Teil.

S. 13 letzte Zeile $\cdots + \alpha^3 \cdot t^3)$ statt $\cdots + t^3)$.
S. 14 und folgende Seiten: Kopfleiste III. Kapitel statt II. Kapitel.
S. 23 Gl. 12: 273^0 statt 273.
S. 25 Gl. 14^a statt Gl. 14.
S. 48 Aufg. 15 $G_w = 472{,}3^g$ statt $472{,}3^{gcal/o}$.
S. 58 dritte Zeile von unten 273 statt 237.
S. 68 $T_2{}^0 - T_1{}^0 = \frac{(p_2 \cdot v_2 - p_1 \cdot v_1)}{R}$ statt $= \frac{(p_2 \cdot v_2 - p_2 \cdot v_1)}{R}$
S. 69 Fig. 40 Adiabate statt Abiabate.
S. 70 erster Absatz: Der — ganzen schraffierten — Arbeitsfläche . . . statt: Der — einfach schraffierten — Arbeitsfläche . . .
S. 71 Gl. 35 $A^{Cal/mkg}$ statt $A^{Cal/kg}$.
S. 72 erste Gleichung $Q_1 = 2{,}3026 \cdot A \cdot p_A \cdot V_A \cdot \log \frac{V_B}{V_A}$

$= A \cdot G \cdot R \cdot T_1 \cdot \ln \frac{V_B}{V_A}$ $Q_2 = A \cdot G \cdot R \cdot T_2 \cdot \ln \frac{V_C}{V_D}$ statt dieser Gleichungen ohne A.
S. 74 Zeile 16 . . . der Wert der Arbeitsfläche A B C D gleich dem der schräg schraffierten absoluten Expansionsarbeit, d. h. . . . statt . . . der Wert der schräg schraffierten absoluten Expansionsarbeit gleich dem der Arbeitsflächen A B C D, d. h. . . .
S. 75 Zeile 13 ff. . . . so müssen die Wärmemengen $Q_2 < Q_1$ während des Verlaufs . . . zugeführt bzw. während B A abgeführt werden; statt . . . so muß die Wärmemenge $Q_2 = Q_1$ während des Verlaufs . . . zugeführt und während . . .
S. 77 Fig. 43. Die Maßlinie $c_p \cdot \ln 1{,}5$ ist um das Stück S_1 nach links hin zu lang!
S. 81. Fig. 46. $\psi = A \cdot p \cdot (v - 0{,}001)$ statt $A \cdot p \cdot (v - 001)$.
S. 82 Zeile 5 statische statt statistische, Zeile 9 Kap. IV statt Kap. III.
S. 99 Aufg. 28. . . . einem ^{kg} gesättigten Wasserdampfes . . . statt einem ^{kg} Dampf . . .
S. 100. Aufg. 28. Das spezifische Volumen des Wassers: $v = 0{,}001^{cbm/kg}$ ist vernachlässigt!
S. 102. Vierte Zeile vor Gl. 57: Gl. 41 statt Gl. 32.
S. 104 Gl. 63 unter der Wurzel: $\cdots \left(\frac{p_m}{p_1}\right)^{2/k}$ statt $\frac{p_m}{p_1}$, erste Zeile: Für statt Fär. Zeile 7 vor Aufg. 30: p_m statt p_1.
S. 106 Zeile 4: verlassene statt verlassenen.
S. 107 Zeile 15: Schmelzwärme statt Schwelzwärme. Zeile 18: Q_k statt Q.

I. Kapitel.

Das Wesen des Lichts.

§ 1. Grundbegriffe der Wellenlehre. Wie in diesem und in späteren Kapiteln näher erörtert wird, müssen wir als Ursache aller Erscheinungen des Lichts eine Wellenbewegung voraussetzen. Es ist daher eine kurze Einführung in einige Grundbegriffe der Wellenlehre erforderlich, und wir gehen dabei von folgenden einfachen Experimenten aus:

1. Transversalwellen. Wir spannen einen etwa 8—10^m langen dünnen Gummischlauch zwischen zwei festen Punkten aus. Befindet sich der Schlauch im Ruhezustande (nach einer Kettenlinie durchhängend), so sind die elastischen Kräfte der einzelnen Schlauchteile mit den Gewichtskräften im Gleichgewicht. Wir stören nun die Gleichgewichtslage eines in der Nähe eines Schlauchendes befindlichen Punktes, indem wir ihn durch einen kräftigen Schlag quer zur Längsrichtung des Schlauches beschleunigen, und wir beobachten, wie eine Ausbuchtung (ein Wellenberg) mit gleichförmiger Geschwindigkeit an dem Schlauche entlang läuft. Der angeschlagene Punkt hat die ihm erteilte Bewegungsenergie an die benachbarten Punkte des elastischen Schlauches abgegeben; er selbst kommt, nachdem er in die Gleichgewichtslage zurückgekehrt ist, wieder zur Ruhe. Am andern festen Ende des Schlauches angekommen, wird die Ausbuchtung reflektiert (zurückgeworfen), und sie läuft dann mit gleicher Geschwindigkeit zurück. Am ersten Ende wird sie dann wieder reflektiert, und so läuft sie mit unveränderter Geschwindigkeit zwischen den beiden Enden hin und her, bis die Bewegung durch innere Widerstände und Luftreibung zur Ruhe kommt. Bei einem weiteren Versuch befestigen wir den Schlauch mit einem Ende so am Fußboden, daß das letzte Stück von etwa 1—2^m Länge aufliegt. Dadurch

wird die Energie der vom anderen Ende ankommenden Schwingungen durch Reibung vernichtet und eine Reflexion findet nicht mehr statt. Fassen wir nun das andere Ende mit der Hand und vollführen wir eine Reihe von Doppelschwingungen (eine Doppelschwingung entspricht dem Wege: FBFGF Fig. 1), so entsteht ein fortschreitender Wellenzug von der aus Fig. 1 ersichtlichen Form. Während einer Doppelschwingung ist die durch den ersten Kraftimpuls hervorgerufene Ausweichung (F B) um eine Wellenlänge λ fortgeschritten, und es hat sich eine Welle gebildet, die aus einem Wellenberge ABC und einem Wellentale CDE (Fig. 1) besteht. Wir bemerken, daß diese Welle mit einer ganz bestimmten gleichförmigen Geschwindigkeit fortschreitet, und wenn wir die Geschwindigkeit der Handbewegung so einrichten, daß eine Doppelschwingung in der

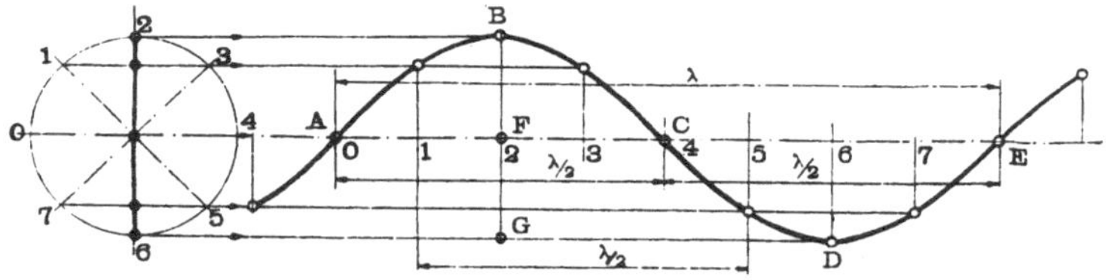

Fig. 1.

Zeit vollendet ist, in der die Bewegung um eine ganze Wellenlänge voranschreitet, so schließen sich die Wellen aneinander an, wie Fig. 1 erkennen läßt. Während die Fortbewegung der Welle in Richtung des Wellenstrahles A C E erfolgt, vollführen die einzelnen Punkte des Schlauches nur schwingende Bewegungen quer zum Wellenstrahl. Wir haben es mit einer fortschreitenden Transversalwellenbewegung zu tun. Die größte Ausweichung eines Punktes aus seiner Gleichgewichtslage: FB heißt Amplitude oder Schwingungsweite. Den jeweiligen Bewegungszustand eines Punktes bezeichnet man als seine Phase. Zwei Punkte im Abstande einer Wellenlänge λ haben gleiche Phase, zwei Punkte im Abstand $\lambda/2$ haben entgegengesetzte Phase.

Als Fortpflanzungsgeschwindigkeit $c^{m/sec}$ bezeichnet man den von der Wellenbewegung in 1^{sec} zurückgelegten Weg. Nennen wir die Anzahl der Doppelschwingungen pro Sekunde: n, ihre Zeitdauer: $t^{sec} = 1/n$, und beachten wir, daß die Welle für jede Doppelschwingung um eine Wellenlänge fortschreitet, so ergibt sich die Bewegungsgleichung (Mech. Gl. 10):

$$c^{m/sec} = \frac{\lambda^m}{t^{sec}} = \lambda^m \cdot n^{1/sec} \quad \ldots\ldots \quad Gl.\ 1^{a,b}$$

$$\lambda^m = c^{m/sec} \cdot t^{sec}; \quad t = \frac{\lambda}{c} \quad \ldots\ldots \quad Gl.\ 1^{c,d}$$

Die Fortpflanzungsgeschwindigkeit $c^{m/sec}$ ist abhängig vom Elastizitätsmodul $E^{kg/qcm}$ (d. i. der reziproke Wert des Dehnungskoeffizienten, Mech. Kap. VIII § 3) und der spezifischen Masse (Masse pro Volumeneinheit) $d^{\frac{kg \cdot sec^2}{m \cdot cbm}}$, und es gilt das Gesetz (das hier nicht abgeleitet werden soll):

$$c^{m/sec} = k \cdot \frac{E}{d} \quad \ldots\ldots \quad Gl.\ 2$$

Hierin ist k eine Konstante < 1. Das Gesetz, das nur für kleine Amplituden gilt, sagt aus, daß die Fortpflanzungsgeschwindigkeit von der Wellenlänge unabhängig ist. Die Herleitung der Gl. 2 führt auf eine Analogie zwischen den Geschwindigkeits- und Beschleunigungsverhältnissen der elastischen Doppelschwingung FBFGF unserer Wellenbewegung und der Doppelschwingung eines Pendels (Mech. Kap. V § 6). Beide Bewegungen lassen sich nämlich als Projektion einer Kreisbewegung mit gleichförmiger Umfangsgeschwindigkeit auffassen (Mech. Fig. 102).

An Stelle der bei der Pendelbewegung auftretenden Schwerkraftswirkung, deren Einfluß mit der Elongation zunimmt, treten hier die gleichfalls mit der Elongation wachsenden elastischen Kräfte auf. Die Wellenform ergibt sich demgemäß als Sinuslinie, deren Konstruktion in Fig. 1 angedeutet ist.

2. Reflexion. Für die Reflexion ergeben sich an Hand von Versuchen folgende Gesetze: Kommt die Welle an einem vollständig festen Ende eines freihängenden Schlauches an (z. B. an einem Haken der Wand), so wird sie unter Umkehrung ihrer Phase reflektiert, d. h. kam sie z. B. an mit vorangehendem Wellenberg, so schreitet bei der reflektierten Welle das Wellental voran. Ist das Ende vollständig frei (z. B. das untere Ende eines frei herabhängenden Schlauches), so kehrt die Welle mit der Phase der ankommenden Welle zurück.

In beiden Fällen tritt vollständige Reflexion ein. Unvollständige Reflexion erfolgt beim Uebergang in ein

Phasenunterschied:

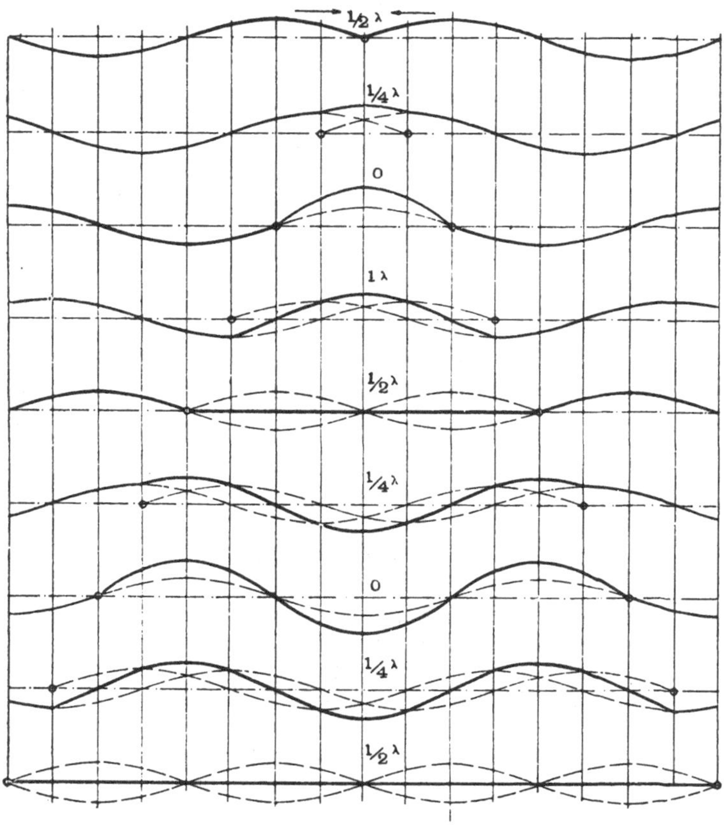

Fig. 2.

anderes elastisches Medium, das die Wellenbewegung teilweise übernimmt (z. B. beim Uebergang aus einem Schlauch in einen andern von anderer Elastizität und Dichte). Hat dieses neue Medium eine größere Dichte, so wird die Phase bei der

Reflexion umgekehrt; im andern Falle bleibt sie die gleiche. Hier sind ähnliche Ursachen maßgebend wie beim elastischen Stoß zweier ungleicher Massen: Stößt die kleinere Masse auf die ruhende größere, so prallt sie zurück (während sie einen Teil ihrer Bewegungsenergie an jene abgibt). Stößt die größere Masse auf die ruhende kleinere, so behält sie ihre Bewegungsrichtung bei.

3. Interferenz. Schickt man von beiden Enden eines eingespannten Schlauches gleichzeitig Wellen von gleicher Phase ab, so treffen sich beide in der Mitte. Die Ausweichungen beider Wellen summieren sich. Der Mittelpunkt des Schlauches schwingt erst nach der einen, dann nach der andern Seite um die Summe der Amplituden aus. In Fig. 2 ist angedeutet, wie man diesen Vorgang zeichnerisch verfolgen kann: Man verschiebt die beiden Wellenzüge stückweise gegeneinander und ermittelt für jede Lage die resultierende Ausweichung als (algebraische)

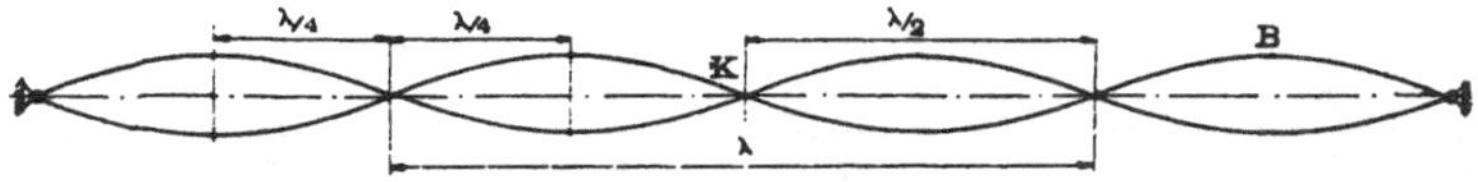

Fig. 3.

Summe der Einzelausweichungen. Haben die an den beiden Enden gleichzeitig erzeugten Wellen gleiche Intensität und entgegengesetzte Phase, so heben die Ausweichungen beim Zusammentreffen sich gegenseitig auf, und während die beiden Wellen übereinander hinwegeilen, bleibt der Mittelpunkt des Schlauches vollständig in Ruhe. Solche durch das Zusammenwirken mehrerer Wellenzüge bedingte Erscheinung heißt Interferenz.

4. Stehende Wellen. Indem man die mit der Hand an einem Ende eines frei ausgespannten Schlauches erzeugten fortschreitenden Wellen mit den vom andern Ende reflektierten Wellen von umgekehrter Phase zur Interferenz bringt, gelingt es, stehende Transversalwellen zu erzeugen. Diese weisen Knoten K (feststehende Punkte) und Bäuche B (Punkte größter Amplitude) auf, Fig. 3. Die Entfernung zwischen zwei benachbarten Knoten beträgt eine halbe Wellenlänge. Alle Punkte des Schlauches gehen gleichzeitig durch die Ruhelage. Auch hier haben zwei Punkte im Abstande einer Wellenlänge

gleiche Phase. Wird die Schwingungszahl einer stehenden Welle verdoppelt, so wird die Wellenlänge auf die Hälfte verkürzt. Auf die gleiche Schlauchlänge entfällt also die doppelte Anzahl Wellen, und Gl. 1 bleibt für die interferierenden Wellenzüge bestehen. Eine Violinsaite vollführt stehende Transversalschwingungen. Verkürzen wir das zwischen zwei Knoten liegende schwingende Stück, so vergrößern wir die Schwingungszahl; der Ton wird höher.

5. Polarisation. Betrachten wir einen Punkt eines Schlauches, der eine fortschreitende oder stehende Transversalwellenbewegung ausführt, näher, so erkennen wir, daß seine Bewegung geradlinig, elliptisch, kreisförmig oder ganz unregelmäßig sein kann, je nachdem wie wir die Bewegung mit der

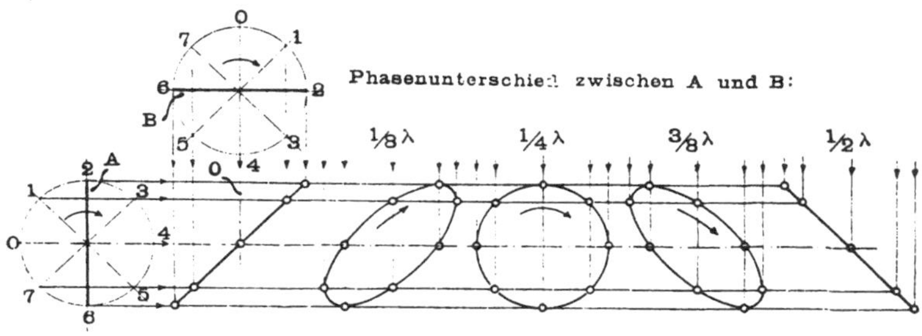

Fig. 4.

Hand einleiten. Nähern wir nun einem kreisförmig schwingenden Schlauche von zwei Seiten her parallele Lineale, so daß schließlich zwischen diesen nur ein geradliniger Schlitz übrig bleibt, so schwingen die Schlauchteile nach dem Passieren dieses Schlitzes nur noch geradlinig in der durch den Schlitz gegebenen Richtung: die Wellenbewegung ist geradlinig polarisiert. Ein zweites hinter dem ersten aufgestelltes und diesem paralleles Linealpaar ändert nichts an der Bewegung. Dreht man jedoch dieses zweite Linealpaar in einer zur Schlauchrichtung senkrechten Ebene so herum, daß sich die beiden Schlitze rechtwinklig kreuzen, so ist jenseits des zweiten Joches die Bewegung des Schlauches vollkommen ausgelöscht. Umgekehrt können wir einen geradlinig schwingenden Schlauch durch Stöße quer zur Schwingungsrichtung in kreisförmig oder elliptisch schwingende Bewegung versetzen. Nehmen wir an, daß die durch einen solchen Stoß verursachte Schwingung gleiche Intensität wie die vorher schon vorhandene besitze. Dann ist die Form der resultierenden Schwingung von dem Phasenunterschied abhängig, mit der die beiden Schwingungen aufeinander treffen. Als Phasenunterschied Null gilt in unserm Beispiel der Fall, daß der Stoß auf einen Schlauchpunkt im Augenblick seiner Gleichgewichtslage erfolgt. In Fig. 4 sind die senkrecht zur Fortpflanzungsrichtung der Wellenbewegung betrachteten Punktbahnformen für 0, $^1/_8$, $^1/_4$, $^3/_8$ und $^1/_2$ Wellenlänge Phasenunterschied konstruiert. Die einzelnen Bewegungen ergeben sich wieder als Projektion je einer gleichförmigen Bewegung auf einem Kreise. Ihre Zusammensetzung zu der resultierenden Schwingung ist aus Fig. 4 zu erkennen. Je nach der Bahnform dieser resultierenden Schwingung bezeichnet man die Schwingungen als geradlinig, elliptisch oder kreisförmig (zirkular) polarisiert. Eine kreisförmig polarisierte Schlauchwelle schreitet so fort wie eine Schraubenfeder (Korkzieher), die wir, ohne sie um ihre Achse zu drehen, in deren Richtung verschieben. Die „Ganghöhe" des Schraubengewindes entspricht der Wellenlänge eines geradlinig polarisierten Strahls.

6. Das Dopplersche Prinzip. Laufen wir an einem Schlauch entlang einer ankommenden Wellenbewegung entgegen, so werden infolge der Relativbewegung die Schwingungen scheinbar schneller, die Wellenlängen scheinbar geringer. Die Schallwellen bieten für diese Erscheinung ein gutes Beispiel: Die Pfeife einer Lokomotive tönt höher, wenn uns die Lokomotive entgegenläuft, als wenn sie sich entfernt. Im ersteren Falle folgen die Schallwellen schneller aufeinander.

7. Longitudinalwellen. Bisher war stets von Transversalschwingungen die Rede (und es sind die Erscheinungen dieser Wellengattung, auf die alle Probleme der Optik zurückgeführt werden). Erfolgen die Schwingungen des elastischen Mittels nicht quer zur Fortpflanzungsrichtung der Wellenbewegung, sondern in dieser Richtung selbst, so haben wir es mit Longitudinalschwingungen zu tun. Solche Schwingungen treten z. B. in einer langen Schraubenfeder aus dünnem elastischen Draht auf, die man wagerecht mittels Fäden an einzelnen Windungen aufhängt. Ein axialer Schlag gegen das Ende der Feder bringt eine Verdichtung hervor (ein Aneinanderrücken der Windungen), die an der Feder

entlang läuft und am andern Ende reflektiert wird. Eine vollständige Welle besteht aus einer Verdichtung und einer Verdünnung. Auch für diese Schwingungsform gilt das Sinusgesetz, das wir zur zeichnerischen Wiedergabe der Longitudinalwellen benutzen können, wie in Fig. 5 angedeutet ist. Die Gesetze der Fortpflanzungsgeschwindigkeit (Gl. 1 sowie Gl. 2 mit $k = 1$), der Reflexion und der Interferenz gelten genau, wie für die Transversalwellen angegeben. Es gibt also auch fortschreitende und stehende Longitudinalwellen. Die Fortpflanzung des Schalles in der elastischen Luft (z. B. in einem Sprachrohr) beruht auf fortschreitenden Longitudinalschwingungen, während die Luftsäule in einer tönenden Orgelpfeife stehende Longitudinalschwingungen vollführt.

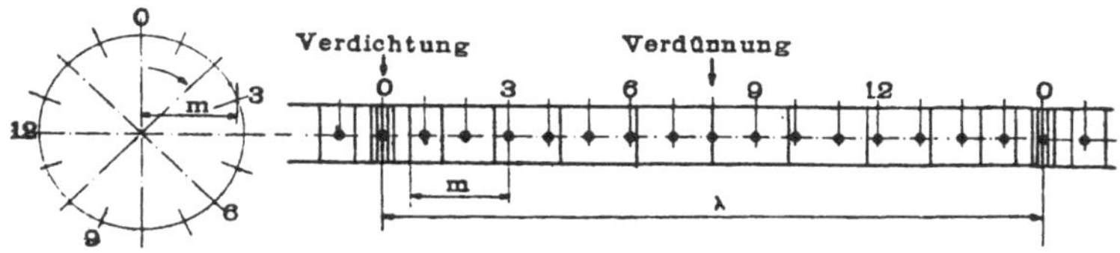

Fig. 5.

8. Ausbreitung der Wellenbewegung auf Flächen und im Raum. Bei unseren Versuchen mit dem Schlauche handelte es sich immer um Fortpflanzung der schwingenden Bewegung in einer durch eine Linie, den Wellenstrahl gegebenen Richtung. Das Charakteristische dieser Art der Fortpflanzung ist dadurch gegeben, daß die Intensität der schwingenden Bewegung (wenn wir von Reibungs- und sonstigen Verlusten absehen) unverändert bleibt, wie weit sich auch der Wellenstrahl erstrecken möge. Beobachten wir demgegenüber die Wellenbewegung eines Wasserspiegels, dessen Ruhelage wir durch Hineinwerfen eines Steines an einer Stelle gestört haben, so erkennen wir, daß die Schwingungen der von der kreisförmig sich ausbreitenden Welle erreichten Wasserteilchen immer schwächer werden, je größer diese Kreise werden. Die aufgewendete Energie muß sich auf immer größere Kreisumfänge verteilen. Die Intensität nimmt hier im umgekehrten Verhältnis des Abstandes vom Ausgangspunkt der Wellenbewegung ab.

Breitet eine schwingende Bewegung in einem homogenen Mittel nach allen Seiten des Raumes sich aus, wie es z. B. bei den Schallschwingungen in der Luft der Fall ist, liegen also die zu gleicher Zeit von der schwingenden Bewegung erreichten elastischen Teilchen auf der Oberfläche einer Kugel um den Ausgangspunkt als Mittelpunkt, so steht hier die Schwingungsintensität auf der Kugeloberfläche im umgekehrten Verhältnis zur Größe dieser Fläche, also zum Quadrate des Kugelradius.

9. Huyghenssches Prinzip. Eine für die Wellentheorie des Lichts wichtige Überlegung kommt in dem nach dem Begründer dieser Theorie (1678) so benannten Huyghensschen Prinzip zum Ausdruck: Jedes elastische Teilchen T, Fig. 6, das von einer vom Erschütterungszentrum E ausgehenden Kugelwelle erreicht wird, wird selbst wieder zum Ausgangspunkt einer neuen Kugelwelle. Die von benachbarten Teilchen ausgehenden Kugelwellen schließen sich, wie in Fig. 6 angedeutet ist, zu einer Hüllfläche, der sog. Wellenfläche aneinander an, die gleichfalls wieder eine Kugeloberfläche darstellt. Ein kleines Stück A einer solchen Kugeloberfläche kann bei genügend großem Radius als eben betrachtet werden. Die Fortpflanzungsrichtung der Wellenbewegung ist dann vorwiegend senkrecht zu dieser Wellenfläche oder Wellenfront. Man kann diese Fortpflanzungsrichtung als Wellenstrahl auffassen, muß jedoch beachten, daß die Intensität der Schwingungen im Verhältnis der Quadrate des durchmessenen Weges abnimmt. Die außerhalb der Hüllfläche, also z. B. nach Z fallenden zerstreuten Wellen werden eine weit geringere Intensität haben als die Schwingungen auf dieser Hüllfläche, so daß für gewöhnlich nur diese und die von ihr ausgehenden Wellenstrahlen zur Geltung kommen werden. Die Wirkungen jener zerstreuten Wellen werden wir dagegen dann deutlich beobachten können, wenn wir die vorherrschende Wellenfläche — die Öffnung A Fig. 6 — möglichst klein

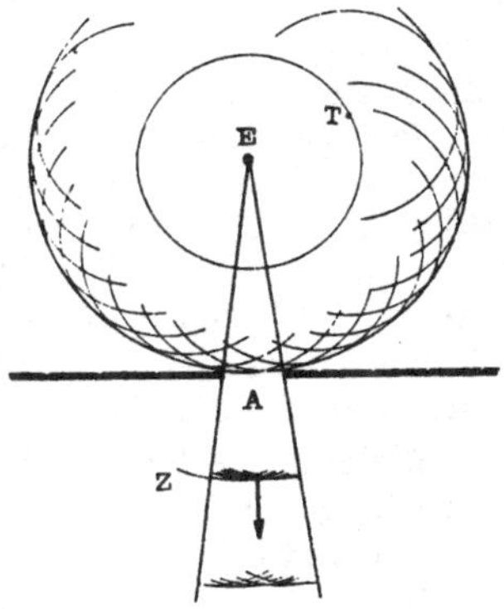

Fig. 6.

wählen, dann nämlich, wenn diese Wirkungen durch Interferenzerscheinungen verstärkt werden. (Kap. VII § 4.)

§ 2. Lichtschwingungen. Die Newtonsche Emissionstheorie faßte das Licht als einen äußerst feinen unwägbaren Stoff auf, der aus dem lichtgebenden Körper mit großer Geschwindigkeit geradlinig ausgeschleudert werde. Gegenüber dieser Anschauung fand die von Huyghens 1678 aufgestellte Wellentheorie, nach der das Licht als Wellenbewegung eines das ganze Weltall anfüllenden Stoffes, des Weltäthers, erkannt wurde, nicht sogleich allgemein Anerkennung. Erst als es gelang (Th. Young 1800), gewisse Erscheinungen des Lichts auf Interferenzwirkungen jener Wellenbewegung zurückzuführen (Kap. VII), wurde die Wellentheorie endgültig angenommen. Jedoch stellte man sich zunächst, verleitet durch die Analogie der Schallwellen, longitudinale Schwingungen vor, durch die zunächst alle Erscheinungen sich erklären ließen. Durch die Erklärung der Polarisationserscheinungen (entdeckt durch Bartholinus 1669, erforscht durch Fresnel 1820, s. Kap. VIII) wurde die Wissenschaft gezwungen, die Vorstellung der Longitudinalschwingungen fallen zu lassen und an ihrer Stelle Transversalschwingungen vorauszusetzen.

Welche Beschaffenheit hat nun jener Weltäther? — Die Beantwortung dieser Frage kann nur auf Hypothesen beruhen, denn mit den gewöhnlichen physikalischen Untersuchungsmethoden, wie Wägung, Volumenbestimmung, Wärmemessungen usw., ist diesem Stoffe nicht beizukommen. Alles, was wir über den Äther aussagen können, beruht vielmehr auf der Kenntnis der Erscheinungen, in denen das Vorhandensein des Äthers sich äußert. Das sind nicht die Lichterscheinungen allein, sondern auch die elektrischen und magnetischen Vorgänge, die Wärmestrahlung, ja vielleicht auch die Gravitation lassen sich durch die Annahme des Äthers erklären. Als erstes Kennzeichen dieses supponierten Stoffes ergibt sich die Annahme, daß er das ganze Weltall erfülle und alle Stoffe ohne Unterschied durchdringe. Ob dabei nur die Zwischenräume zwischen den Molekülen und Atomen — ebenso wie die Räume zwischen den Gestirnen — von Äther erfüllt sind, oder ob sich an Stelle eines Atoms gleichzeitig auch der Äther findet (nach Lorenz), hier also das Prinzip von der Undurchdringlichkeit der Materie hinfällig wird, oder ob wir schließlich die Atome selbst als

„örtliche Modifikationen des Äthers“ aufzufassen haben, — diese Fragen sind heute ebenso unentschieden wie die Frage nach der Konstitution der Materie selbst. Die Wandlungen in den Anschauungen von der Beschaffenheit der Atome, die vor allem durch die Elektronentheorie herbeigeführt wurden, lassen es verständlich erscheinen, daß auch über den Äther und seine Stellung der Materie gegenüber keine abgeschlossene Hypothese vorliegen kann.

Betrachten wir zunächst den Äther als ein elastisches Mittel im Sinne der im § 1 gegebenen Erörterungen, nehmen wir also die Gl. 1 und 2 hierfür als gültig an, so ergeben sich mit dem Hinweis auf die überaus große Fortpflanzungsgeschwindigkeit des Lichts (§ 3) zwei weitere Merkmale: Das Verhältnis E : d muß sehr groß sein. Entweder also muß E groß sein, d. h. kleinen Form- oder Volumenänderungen müssen große Spannungsänderungen entsprechen, oder die spezifische Masse muß sehr klein sein, oder beides kann der Fall sein. Der hier angenommenen elastischen Theorie steht aber heute eine neuere Theorie gegenüber — ohne daß freilich die theoretischen und experimentellen Erfolge der elastischen Theorie dadurch hinfällig würden: Die elektromagnetische Lichttheorie hat durch ihre bedeutenden Erfolge sich die Anerkennung der Wissenschaft errungen. Auf diese Theorie selbst kann hier nicht näher eingegangen werden, da zu ihrem Verständnis die Kenntnis der Beziehungen zwischen Elektrizität und Magnetismus erforderlich ist. Als wichtigstes Ergebnis dieser Theorie gilt die feststehende Überzeugung, daß *die Lichtwellen, die in der Wärmestrahlung sich äußernde Wellenbewegung, und die elektrischen Wellen Schwingungserscheinungen derselben Wesensart sind, die sich nur durch verschiedene Wellenlängen und Schwingungszahlen unterscheiden.* Welche Wellengattungen nun als Lichtquellen empfunden werden, ist eine physiologische Frage: Die Organe unseres Auges, die durch die ankommenden Wellen in Mitschwingungen versetzt werden und so in unserem Bewußtsein die Empfindung des Lichts auslösen, sind nur auf bestimmte Schwingungszahlen (Farben) abgestimmt. Wellen, deren Schwingungszahlen über oder unter den hierdurch gegebenen Grenzen liegen, werden nicht mehr als Licht empfunden; es müssen besondere Hilfswerkzeuge geschaffen werden, um ihre Existenz überhaupt wahrnehmbar zu machen.

Die Erklärung der optischen Erscheinungen, die in diesem

Buche besprochen werden, kann auf die Anwendung der hier angedeuteten neueren Anschauungen verzichten. Wir können diese Erscheinungen in zwei Gruppen einteilen: in die der geometrischen Optik, die, vom Huyghensschen Prinzip ausgehend, die Vorstellung von geradlinig fortschreitenden Lichtstrahlen zur Voraussetzung hat, und die Erscheinungen der sog. höheren Optik (Interferenz, Polarisation, Magnetooptik), die sich größtenteils auf die im § 1 erörterten mechanischen Vorstellungen zurückführen lassen, ohne daß eine exakte Frage nach der Konstitution des Äthers gestellt werden müßte.

§ 3. Geschwindigkeit des Lichts. Die Geschwindigkeit des Lichts wurde mit irdischen Hilfsmitteln zum ersten Male (1849) durch Fizeau experimentell bestimmt. Von einer starken Lichtquelle Q Fig. 7 ausgehende Lichtstrahlen werden durch den Spiegel S_1 nach dem Spiegel S_2 hin reflektiert, von dem sie in der Richtung der ankommenden Strahlen reflektiert werden. Die zurückkommenden Strahlen gelangen durch ein Loch in S_1 hindurch in das Auge A des Beobachters. Der Strahlengang wird durch zwei Linsensysteme L_1 und L_2 so beeinflußt, daß sich bei F ein beiden Systemen gemeinsamer Brennpunkt befindet. F fällt mit dem Umfang des Zahnrades Z zusammen, so daß den Strahlen der Durchgang nur gestattet ist, wenn F in eine Zahnlücke fällt. Bei langsamer Drehung des Rades Z beobachtet man den durch Zahnlücken und Zähne verursachten Wechsel von Helligkeit und Dunkelheit. Bei schnellerer Drehung ist der Wechsel nicht mehr zu beobachten. Bei einer bestimmten Umdrehungszahl nun wird das Bildfeld vollständig dunkel. Das ist offenbar dann der Fall, wenn ein Zahn in derselben Zeit eine Lücke abgelöst hat, in der der Lichtstrahl die Entfernung E zweimal (hin und zurück) durchlaufen hat. Mit den in der

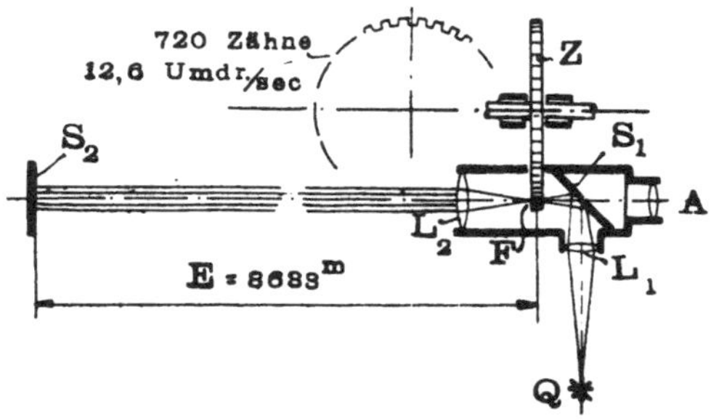

Fig. 7.

Figur angegebenen Daten des Fizeauschen Versuches ergibt sich daraus die Geschwindigkeit des Lichts in der Luft: Zeit t^{sec}, nach der eine Lücke von dem benachbarten Zahn abgelöst wird:

$$t^{sec} = \frac{1}{2 \cdot 720 \cdot 12{,}6} = \frac{1^{sec}}{18144}, \text{ also nach Mech. Gl. } 10^{a}:$$

$$c^{km/sec} = \frac{2 \cdot E^{km}}{t^{sec}} = 2 \cdot 8{,}633^{km} \cdot 18144^{1/sec} = \mathbf{313274}^{km/sec}$$

Man nimmt heute als abgerundeten Mittelwert der Lichtgeschwindigkeit in der Luft an:

$$c = 300000^{km/sec} = 300 \text{ Millionen }^{m/sec} \quad \ldots\ldots\ldots\ldots \text{ Gl. 3}$$

Durch Fizeaus Versuch wurden die vorher durch astronomische Messungen ermittelten Werte der Lichtgeschwindigkeit bestätigt bzw. korrigiert. Praktisch von größerer Bedeutung als jene interessanten astronomischen Messungen war das Verfahren von Foucault (1850), bei dem der Versuch im engen Raum eines Zimmers sich abspielen konnte! Ein Lichtstrahl, Fig. 8, der durch ein Loch L im Fensterladen fällt, passiert eine unbelegte Spiegelglasplatte P, und wird von dem — um eine senkrecht zur Bildebene stehende Achse sich drehenden — Spiegel S_1 nach dem Hohlspiegel S_2 reflektiert, von wo er in der gleichen Richtung nach S_1 zurückgeworfen wird. Von S_1, der inzwischen sich um einen kleinen Winkel α gedreht hat, wird der Lichtstrahl dann nach P_1 und von dort nach einer Wand bei B reflektiert.

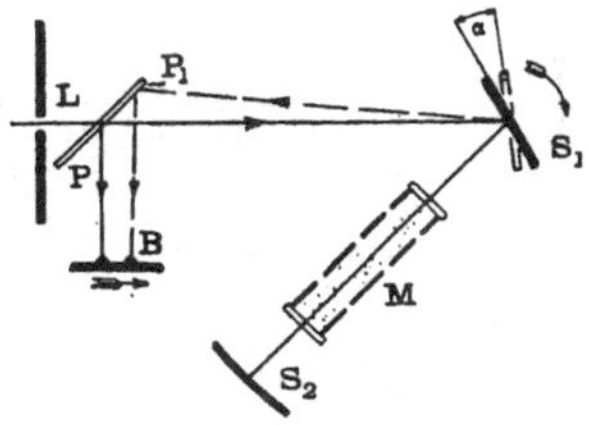

Fig. 8.

Je nach der Umdrehungszahl von S_1 wird nun der an der Wand entstehende Lichtfleck B mehr oder weniger in Richtung des Pfeiles meßbar verschoben erscheinen. Die Umdrehung des Spiegels S_1 wurde durch eine Lochsirene bewirkt, die 800 Touren pro Sekunde machte. Besonderen Wert erlangten diese Versuche durch die Möglichkeit, auch die Lichtgeschwindigkeit in andern Mitteln, z. B. in Glas, Wasser usw., zu messen, indem man entsprechende Versuchskörper, bzw. Röhren, die mit Flüssigkeit gefüllt wurden, in den Weg der Lichtstrahlen bei M hineinbrachte. So gelang es auch, die Geschwindigkeit für Licht von bestimmter Farbe zu messen und festzustellen, daß hier die roten Strahlen sich schneller fortpflanzen als die blauen. Durch die Versuche von Foucault wurde auch bewiesen, daß die Intensität des Lichts keinen Einfluß auf seine Geschwindigkeit ausübt. Die Bedeutung dieser Versuche wird aus den Kapiteln V und VI hervorgehen.

§ 4. Begriff der Lichtstrahlen, Schatten. Es sei auf die am Schluß des § 1 gegebene Erörterung des Huyghensschen Prinzips verwiesen. Als Lichtstrahl im Sinne dieses Prinzips wollen wir zunächst ein Strahlenbündel von verhältnismäßig großer Wellenfront auffassen, so daß nur die geradlinig in Richtung des Wellenstrahls, also senkrecht zu einer Wellenfront fortschreitende Wellenbewegung erkannt wird. (Erst bei genügender Verkleinerung des Strahlquerschnitts werden auch die z. B. nach Z Fig. 6 zerstreuten Wellen erkennbar; siehe Kap. VII.) Ein gewöhnlicher Lichtstrahl schreitet also geradlinig fort. Diese Tatsache läßt sich mit Hilfe eines engen Loches im Laden eines verdunkelten Zimmers zeigen. Die von den beleuchteten Gegenständen draußen herkommenden geradlinigen Lichtstrahlen bringen auf einem Papierschirm in der Nähe des Loches ein umgekehrtes verkleinertes Bild dieser Gegenstände hervor. Die Größe des erzeugten Bildes wächst proportional zum Abstand des Schirmes von der Oeffnung. (Die Helligkeit des Bildes nimmt im Quadrate dieses Abstandes ab.) Die Vorstellung geradlinig fortschreitender Lichtstrahlen bildet die Grundlage der geometrischen Optik, deren Anwendungen in den folgenden Kapiteln besprochen werden. — Die Entstehung der Schatten beruht auch auf dem Auftreten von geradlinigen Lichtstrahlen. In Fig. 9 ist F eine leuchtende Fläche. Man unterscheidet Raumschatten, darunter Kernschatten K und Halbschatten H, Fig. 9, und Körperschatten, darunter Eigenschatten E und Schlagschatten S. Auf die Erklärung der Sonnen- und Mondfinsternisse durch Schattenwirkungen kann hier nur hingedeutet werden.

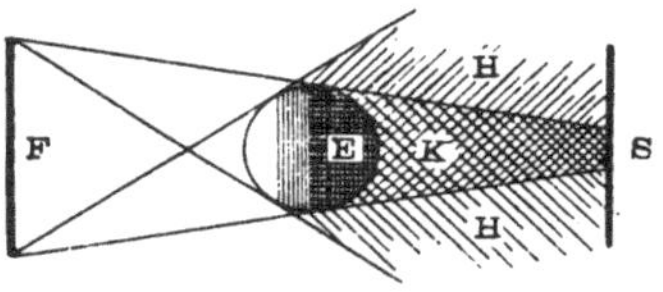

Fig. 9.

II. Kapitel.

Photometrie.

§ 1. Photometrische Größen. Die Energie der Lichtschwingungen in einem kegelförmigen Strahlenbündel, das von einer punktförmigen Lichtquelle ausgeht, nennen wir den Lichtstrom Φ. Bezeichnen wir als Winkelraum ω den Ausdruck

$$\omega = \frac{f}{r^2},$$

worin f das aus einer Kugeloberfläche vom Radius r durch einen Strahlenkegel vom Spitzenwinkel ω ausgeschnittene Flächenstück bedeutet, so gilt die Definition: Der auf die Einheit des Winkelraumes entfallende Teil des Lichtstromes Φ heißt Lichtstärke J. Es ist also:

$$J = \frac{\Phi}{\omega} = \frac{\Phi \cdot r^2}{f} \quad \text{Gl. 4}$$

Für die ganze Kugeloberfläche wird mit

$$\omega = \frac{4 \cdot \pi \cdot r^2}{r^2} = 4 \cdot \pi$$

$$J = \frac{\Phi}{4 \cdot \pi} \quad \text{Gl. 5}$$

Als Einheit der Lichtstärke dient die von v. Hefner-Akteneck vorgeschlagene sog. Hefnereinheit: Es ist die von einer Dochtlampe mit folgenden Verhältnissen in wagerechter Richtung ausgehende Lichtstärke. Die Hefnerkerze (Fig. 10) wird mit Amylazetat gespeist, einem Brennstoff, der in freier Luft ohne zu rußen mit rötlicher Flamme verbrennt und sehr beständig ist. Das 8^{mm} weite Dochtrohr besteht aus Neusilber und hat 1,5^{mm} Wandstärke (Einfluß der Abkühlung!). Die Flammenhöhe muß genau 40^{mm} betragen; sie wird mit Hilfe von besonderen Flammenmessern verschiedener Konstruktion eingestellt. In Fig. 10 ist der optische Flammenmesser von Krüß aufgesetzt, bei dem durch eine Linse ein umgekehrtes Bild der Flamme auf der Mattscheibe g erzeugt wird. Mit der wagerechten Marke auf g muß die Flammenspitze zusammenfallen.

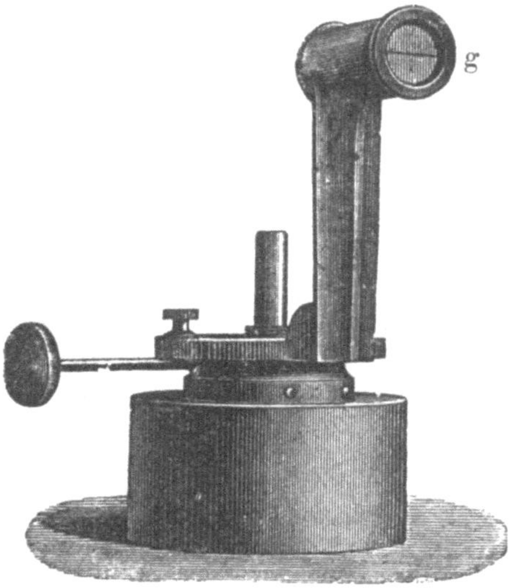

Fig. 10.

Mit zunehmender Feuchtigkeit der Luft nimmt die Lichtstärke ab, und es gilt, wenn y die Lichtstärke und x der Feuchtigkeitsgehalt der Luft in $^{ltr/cbm}$ ist, das Gesetz:

$$y = 1{,}049 - 0{,}0055 \cdot x \quad \ldots\ldots\ldots\ldots \quad Gl.\ 6.$$

Der Luftdruck hat nur geringen Einfluß auf die Lichtstärke.

Die Hefnerkerze (abgekürzte Schreibweise: HK) dient heute auf Grund internationaler Abmachungen als Einheit für alle technischen Lichtmessungen. Es sollen jedoch hier auch die Beziehungen zwischen der HK und der älteren deutschen und den teilweise noch gebräuchlichen ausländischen Einheiten gegeben werden:

$1^{HK} = 0{,}833$ Deutsche Vereinskerzen, abgekürzt: V.-K.

$1^{HK} = 0{,}877$ Standard Sperm Candle, abg. E.-K. (englische Einheit).

$1^{HK} = 0{,}092$ Carcel (französische Einheit).

$1^{HK} = 0{,}044$ Violle-Einh. (Lichtstärke, die von 1^{qcm} geschmolzenen Platins im Augenblick des Erstarrens in senkrechter Richtung ausgesandt wird).

Als **Beleuchtungsstärke** E oder kurz **Beleuchtung** bezeichnen wir den auf die Flächeneinheit entfallenden Teil eines Lichtstroms, also:

$$E = \frac{\Phi}{f} \quad \ldots\ldots\ldots\ldots\ldots\ldots \quad Gl.\ 7$$

und mit Gl. 4:

$$E = \frac{J^{HK}}{r^{2\,qm}} \quad \ldots\ldots\ldots\ldots\ldots\ldots \quad Gl.\ 8.$$

Gl. 8 lautet in Worten:

Die Beleuchtung ist der Lichtstärke proportional und dem Quadrate des Abstandes von der Lichtquelle umgekehrt proportional.

(Vgl. Kap. I § 1, 8.) Hier ist zunächst vorausgesetzt, daß alle Strahlen des Lichtstroms senkrecht zu der beleuchteten Fläche stehen. Drehen wir die beleuchtete Fläche um den Winkel i Fig. 11, so ist die nunmehr von dem gegebenen Lichtstrom zu beleuchtende Fläche

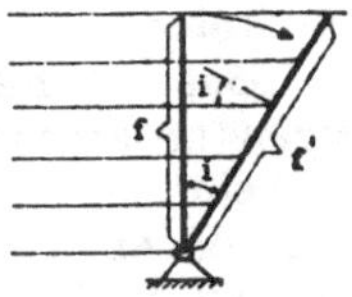

Fig. 11.

$$f' = \frac{f}{\cos i}, \text{ also:}$$

$$E = \frac{J^{HK} \cdot \cos i}{r^{2\,qm}} \quad \ldots\ldots\ldots\ldots\ldots\ldots \quad Gl.\ 9.$$

Als Einheit der Beleuchtung gilt 1 Lux $^{HK/qm}$ das ist die von einer HK in 1^m Abstand bei senkrechtem Auffall der Strahlen erzeugte Beleuchtung. Auf Grund dieser Einheit ergibt sich die Einheit des Lichtstromes: 1 Lumen $^{HK} = 1$ Lux $^{HK/qm} \cdot 1^{qm}$. Ein **Lumen** bezeichnet also diejenige Lichtenergie, die von einer punktförmig gedachten HK innerhalb eines Kegels ausgesandt wird, der aus einer um den Lichtpunkt beschriebenen Kugel vom Radius 1^m eine Fläche von 1^{qm} ausschneidet.

Als **Flächenhelligkeit** bezeichnet man die von einem ^{qcm} Oberfläche einer wirklichen Lichtquelle ausgehende Lichtstärke. Die Einheit der Flächenhelligkeit ist $1^{HK/qcm}$.

Schließlich wird als Einheit der **Lichtabgabe** die **Lumenstunde** bezeichnet, d. i. die während einer Stunde von 1 Lumen abgegebene Lichtenergie.

§ 2. Photometer. Es ist bisher nicht einwandfrei möglich gewesen, die Lichtenergie auf die Grundeinheiten des absoluten Maßsystems zurückzuführen und unter Einführung eines mechanischen Lichtäquivalents den Teil der gesamten Strahlungsenergie, den wir als Licht empfinden, in Watt anzugeben [1]). Die Photometrie kann daher nur vergleichende Messungen zur Aufgabe haben.

Alle exakten Messungen von Lichtstärken müssen in einem völlig verdunkelten Raume vorgenommen werden, dessen Wände und Decke geschwärzt sind. Die Lichtstärken J_1 und J_2 zweier Lichtquellen werden verglichen, indem man ihre Abstände r_1 und r_2 von einer Fläche mißt, bei denen durch J_1 und J_2 gleiche Beleuchtungen hervorgerufen werden. Zu diesen Messungen bedient man sich der im folgenden beschriebenen Apparate:

Das Bunsensche Fettfleckphotometer beruht auf folgender Erscheinung: Ein Fettfleck auf einem Papierschirm erscheint in aufscheinender Beleuchtung dunkler, in durchscheinender Beleuchtung heller als seine Umgebung. Im ersteren Falle geht durch den transparenten Fettfleck ein Teil der Lichtenergie, die von der Umgebung reflektiert wird, hindurch, gelangt also nicht in unser Auge. Von der anderen Seite, d. h. in durchscheinender Beleuchtung beobachtet, läßt jene durchgegangene Energie den Fleck heller erscheinen, als die Umgebung. Bringen wir den Papierschirm zwischen zwei Lichtquellen, so gibt es einen Punkt auf der geraden Verbindungslinie, wo der Fettfleck verschwindet. Das ist offenbar dann der Fall, wenn von beiden Seiten gleiche Mengen von Lichtenergie hindurchgehen, d. h. wenn die Beleuchtung auf beiden Seiten die gleiche ist. Nennen wir dann die Lichtstärken der beiden Lichtquellen J_1 und J_2, ihre Abstände vom Papierschirm r_1 und r_2, so ergibt sich mit der vorstehenden Beziehung aus Gl. 8:

$$E = \frac{J_1}{r_1^{\,2}} = \frac{J_2}{r_2^{\,2}}, \text{ also:}$$

$$\frac{J_1}{J_2} = \frac{r_1^{\,2}}{r_2^{\,2}} \quad \ldots\ldots\ldots\ldots \text{Gl. 10.}$$

[1]) Nach Messungen von Angström gilt: $1\,HK \sim = 8{,}1 \cdot 10^4\,Erg/sec.$

Um die Abstände bequem messen zu können, bedient man sich der Photometerbank Fig. 12. Für die folgende Aufgabe sei angenommen, daß diese Bank nur eine Millimeterteilung aufweise (s. unten!).

A u f g a b e 1. Am linken Ende der 2500^{mm} langen Bank steht die $HK = J_1$, am rechten Ende eine elektrische Glühlampe, deren horizontale Lichtstärke J_2 gemessen werden soll. Der Fettfleck auf dem Photometerschirm verschwindet, wenn der Abstand r_1 (zwischen Schirm und HK) $= 457^{mm}$, also $r_2 = 2500 - 457 = 2043^{mm}$ ist. Der Dunstdruck des Wasserdampfes in der Luft ist mittels des Aspirationspsychrometers

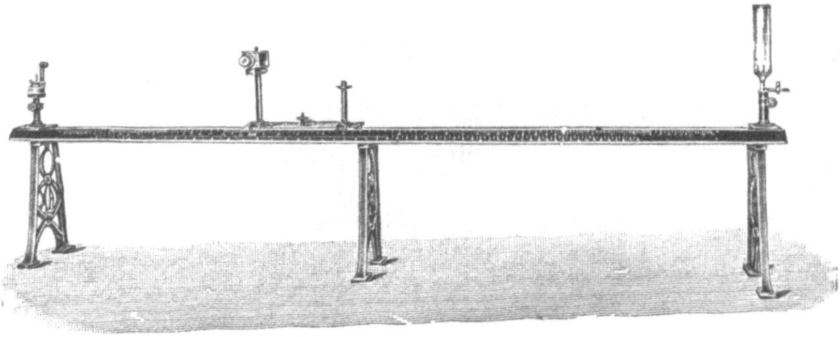

Fig. 12.

(W. Kap. VII § 7) ermittelt: $p_D = 7^{mm}$, der Barometerstand ist: $b = 745^{mm}$. Daraus ergibt sich zunächst das Volumen des in der Luft enthaltenen Wasserdampfes:

$$x^{ltr/cbm} = 1000^{ltr/cbm} \cdot \frac{7^{mm}}{745 - 7^{mm}} = 9{,}5$$

damit folgt aus Gl. 6:

$$J_1' = y = 1{,}049 - 0{,}0055 \cdot 9{,}5 = 0{,}997^{HK} \text{ und aus Gl. 10:}$$

$$J_2 = 0{,}997 \cdot \frac{2043^2}{457^2} = \mathbf{19{,}92}^{HK}$$

Die in Fig. 12 dargestellte Photometerbank von Krüß weist zwei Teilungen auf: die eine gibt für den Fall, daß die HK am linken, die zu messende Lichtquelle am rechten Ende der Bank steht, die Kerzenzahl der letzteren unmittelbar an. Die zweite Teilung gilt für festen Abstand des Photometerschirms von der HK.

Aufgabe 2. Wie weit darf die in Aufg. 1 untersuchte Glühlampe höchstens von einem Lesepult entfernt sein, wenn die Beleuchtung 10 Lux betragen soll? (Dies ist der Mindestwert der zum Lesen ohne Anstrengung der Augen erforderlichen Beleuchtung.) Die Strahlen mögen unter einem Winkel $i = 45^0$ (Fig. 11) gegen das Lot auf die zu beleuchtende Fläche auffallen. Nach Gl. 9 ist:

$$\mathbf{r} = \sqrt{\frac{19{,}92 \cdot 0{,}70711}{10}} = \mathbf{1{,}187}^m.$$

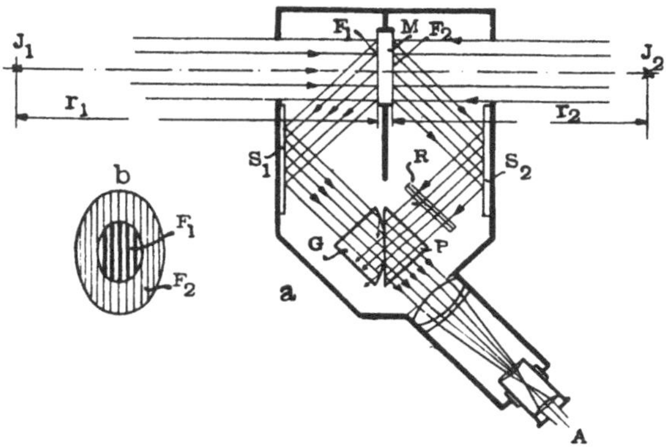

Fig. 13 a, b.

Unter der Annahme, daß die Lichtstärke in allen Richtungen gleich sei, (diese Annahme trifft praktisch nicht zu, s. unten!) ergibt sich als gesamte Lichtenergie, die in den Raum ausgestrahlt wird (Gl. 5):

$$\Phi = 4 \cdot \pi \cdot 19{,}92 = \mathbf{250{,}2\ Lumen.}$$

Statt des Bunsenschen Fettfleckphotometers wird heute meistens das Photometer von Lummer-Brodhun Fig. 13 a, b benutzt. Die Beleuchtung auf den beiden Seiten eines Gipsschirmes M wird mit Hilfe einer Prismenkombination gleichzeitig beobachtet. Deren Wirkungsweise wird im Kap. IV § 4 näher verständlich. Fig. 13 a läßt den Strahlengang erkennen, der dem bei A befindlichen Auge die Beobachtung der Beleuchtungen auf den beiden Seiten des undurchsichtigen Gipsschirmes vermittelt und bei ungleicher Beleuchtung der beiden Seiten das in Fig. 13 b angedeutete Bild erkennen läßt. Bei gleicher Beleuchtung, also richtiger Einstellung des Schirmes, zeigt sich kein Unterschied mehr in der Helligkeit der inneren und der äußeren Ellipse; die Trennlinie verschwindet. Um auch starke Lichtquellen mit der HK vergleichen zu können, wozu die gebräuchliche 2,5^m lange Bank zu kurz sein würde, lassen sich bei R Rauchglasscheiben einschieben, die einen bestimmten Betrag des hindurchgehenden Lichtes absorbieren. Ähnliches erreicht man, indem man zwischen Lichtquelle und Photometer Zerstreuungslinsen stellt (Kap. IV § 5). Ein anderes Verfahren zur Messung starker Lichtquellen nimmt eine Zwischenlichtquelle zu Hilfe, z. B. eine 32-kerzige elektrische Kohlenfadenlampe, die man mittels eines Vorschaltewiderstandes unter Vergleich mit einer HK genau auf jene Lichtstärke einstellte. Wie bei allen photometrischen Messungen, muß man auch bei der Auswahl dieser Zwischenlichtquelle darauf bedacht sein, daß die Farben der zu vergleichenden Lichtquellen nicht zu verschieden sind. Oft läßt sich diese Forderung nur durch Zwischenschaltung schwach blau gefärbter Glasscheiben erfüllen, deren Absorptionswirkung natürlich bekannt sein muß.

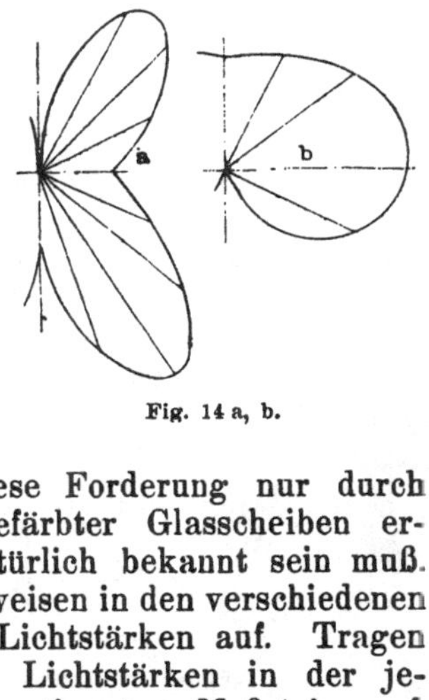

Fig. 14 a, b.

Die gebräuchlichen Lichtquellen weisen in den verschiedenen Richtungen meist sehr verschiedene Lichtstärken auf. Tragen wir von der Lampenmitte aus diese Lichtstärken in der jeweiligen Richtung als Strecken in bestimmtem Maßstabe auf, so erhalten wir ein Bild von der räumlichen Lichtverteilung und sind in der Lage, die mittlere räumliche Lichtstärke zu errechnen. Fig. 14^a zeigt die Lichtverteilung einer Wechselstrombogenlampe, Fig. 14^b die einer aufrechtstehenden Kohlenfadenglühlampe. Häufig gibt man die obere ◠ und die untere ◡ mittlere hemisphärische Lichtstärke getrennt an. Ueber den Rechnungsgang siehe Praktische Photometrie von Dr. E. Liebenthal, Vieweg, Braunschweig.

Um, wie vorstehend erörtert, die Lichtstärken unter verschiedenen Winkeln messen zu können, bedient man sich besonderer Hilfsinstrumente. Fig. 15 zeigt eine solche Vorrichtung. Die Lichtquelle muß bei Anwendung dieses Apparates um das Stück $BS_1 + S_2S_3$ vom linken Bankende abgerückt werden. Die absorbierende Wirkung der dreifachen Reflexion muß durch einen besonderen Versuch ermittelt werden.

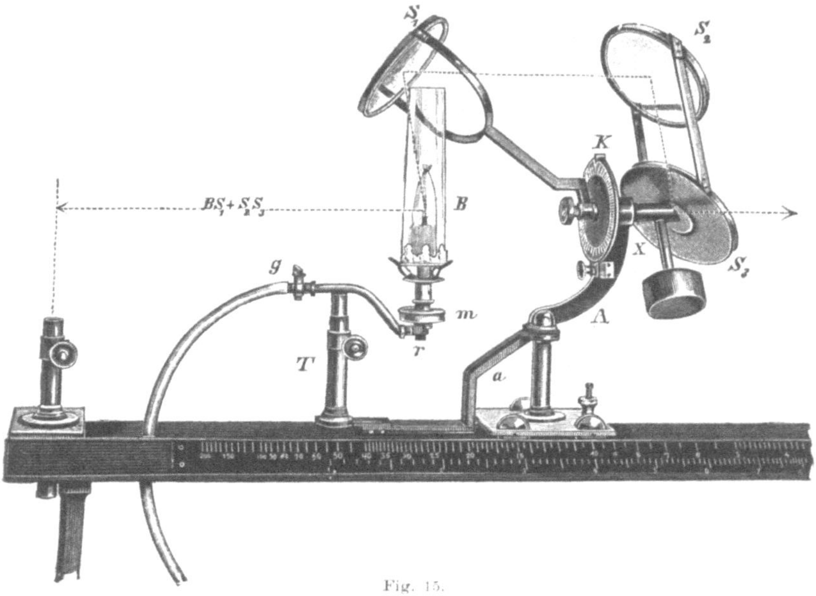

Fig. 15.

Eine Reihe neuerer Photometer, z. B. das Kugelphotometer von Ulbricht und das Lumenmeter von Blondel, gestatten die Ermittelung der mittleren räumlichen Lichtstärke durch eine einzige Messung. Ihre Besprechung würde hier zu weit führen, und es muß auf das angegebene Spezialwerk verwiesen werden. Von den zahlreichen gebräuchlichen Photometern soll hier jedoch noch das von L. Weber angeführt werden (Fig. 16ª und 16ᵇ). Die Lummer-Brodhunsche Prismenkombination P (Fig. 13ª) gestattet gleichzeitige Beobachtung der Milchglas- oder Rauchglasplatten R und der verschiebbaren

Milchglasplatte G, die von der mittels eines Krüßschen Flammenmaßes einstellbaren Benzinlampe L beleuchtet wird.

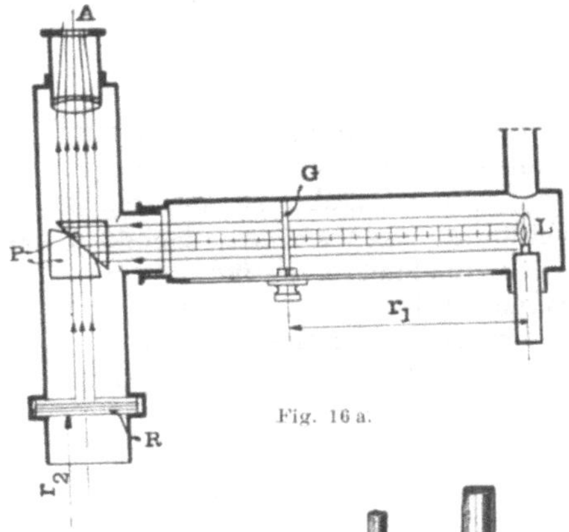

Fig. 16 a.

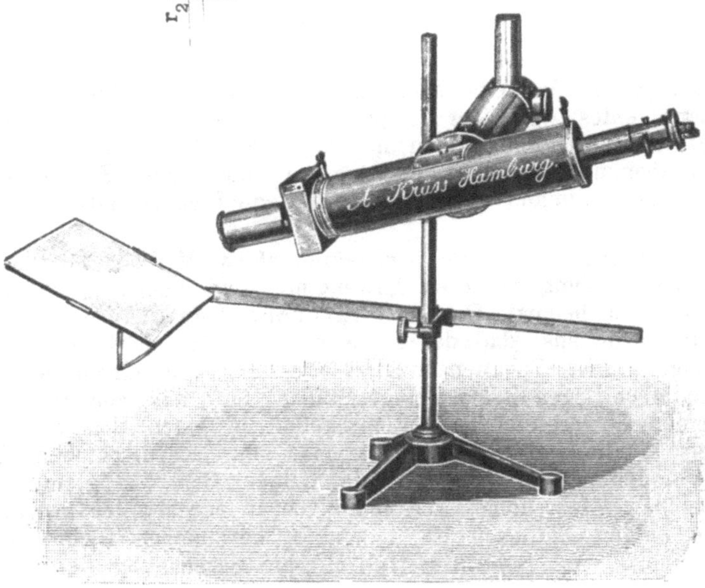

Fig. 16 b.

Der Abstand r_1 wird so eingestellt, daß dem bei A befindlichen Auge des Beschauers das ganze Bildfeld gleich hell erscheint.

Ist dann r_2 der Abstand der zu messenden Lichtquelle J von R, so gilt das Gesetz:

$$J = \frac{C \cdot r_2^2}{r_1^2}$$

Hierin ist C eine Konstante, die empirisch ermittelt wird und dem Instrumente vom Verfertiger beigegeben wird. Um die Beleuchtung einer Fläche zu messen, z. B. um die Beleuchtungsverhältnisse eines Arbeitsplatzes zu bestimmen, richtet man das Beobachtungsrohr dieses Photometers unter möglichst großem Winkel gegen eine mattweiße Papptafel, die sich an der zu untersuchenden Stelle befindet. Dann gilt nach richtiger Einstellung von r_1 als Beleuchtungsstärke auf dieser Fläche:

$$E = \frac{C'}{r_1^2},$$

worin C′ wieder eine Konstante ist. Auf den Abstand des Instrumentes von der Papptafel kommt es nicht genau an. Diese Messung kann natürlich in jedem hellen Raume vorgenommen werden, da wir ja auch den Einfluß des von den Zimmerwänden reflektierten Lichtes mit messen wollen.

Schließlich sei hier noch eine einfache Methode der Photometrie erwähnt, zu deren Anwendung man keines besonderen Apparates bedarf: Das Rumfordsche Schattenverfahren geht davon aus, daß durch gleich starke Beleuchtungen auch gleich starke Schatten erzeugt werden. Vor einem weißen Papierschirm stellt man einen Stab so auf, daß von ihm die beiden zu vergleichenden Lichtquellen je einen Schatten auf dem Schirm erzeugen. Hat man durch Verschieben der Lichtquellen erreicht, daß die beiden Schatten gleich erscheinen, etwa unmerklich ineinander übergehen, so gestatten die beiden Entfernungen r_1 und r_2 der beiden Lichtquellen J_1 und J_2 vom Schirm mit Gl. 10 die Berechnung der Lichtstärken.

Einen guten Vergleich zwischen den verschiedenen Lichtquellen bietet die folgende Tabelle, deren Werte aus dem oben genannten Werke entnommen sind.

Lichtquelle	Mittlere räuml. Lichtstärke HK	Für eine HK mittlere räuml. Lichtstärke und 1 Brennst.	
		Verbrauch	Preis in Pfennigen
Hg-Dampflampe aus Quarz 174—197 Volt; 4,2 Amp.	2500—3000	0,27 Wattst.	0,014
Gleichstrombogenlampe .	300—600	1,0 Wattst.	0,05
Nernstlampe	20—200	2,4 Wattst.	0,12
Osramlampe	20—40	1,4 Wattst.	0,07
Kohlenfadenlampe . . .	8—40	3,4 Wattst.	0,17
Hängendes Gasglühlicht .	60—150	1,5 Liter	0,02
Stehendes Gasglühlicht .	60—90	1,9 Liter	0,025
Gasrundbrenner	etwa 16	10,0 Liter	0,13
Gasschnittbrenner . . .	etwa 10	17,0 Liter	0,22
Azetylenlampe	8—180	1,0 Liter	0,15
Petroleumlampe	10—30	3,4 Gramm	0,085
Petroleumglühlicht . .	40—500	1,2 Gramm	0,03

III. Kapitel.

Reflexion.

§ 1. Begriff der Abbildung. Die in diesem und dem folgenden Kapitel behandelten Aufgaben aus der geometrischen Optik setzen die Kenntnis eines Begriffes voraus, der hier vorweg behandelt werden soll: Ein Strahlenbüschel, das von einem leuchtenden Punkte ausgeht, nennen wir homozentrisch. Wenn es unter Anwendung von Reflexions- oder Brechungsvorgängen gelingt, die einzelnen Strahlen eines homozentrischen Strahlenbüschels so abzulenken, daß sie sich in einem neuen Schnittpunkt wieder vereinigen, also homozentrisch zu diesem neuen Schnittpunkt verlaufen, so entsteht hier ein Bild des leuchtenden Punktes. Wird der Schnittpunkt von den abgelenkten Strahlen wirklich erreicht, so entsteht ein reelles oder objektives Bild, das wir mittels eines weißen Papierschirms oder einer Mattglasscheibe auffangen können. Die Strahlen sind in diesem Falle nach der Ablenkung konvergent. Ergibt sich der neue Schnittpunkt erst aus der rückwärtigen Verlängerung der abgelenkten Strahlen, so erhalten wir ein ideelles, virtuelles, scheinbares oder subjektives Bild. Das abgelenkte Strahlenbündel ist dann divergent. In vielen Fällen genügt es, zwei Strahlen eines Büschels herauszugreifen und bis zu ihrem Schnittpunkt zu verfolgen, in dem sich dann, falls die Voraussetzungen richtig sind, auch die übrigen abgelenkten Strahlen des Büschels schneiden. Der ganze Vorgang der Umwandlung eines homozentrischen Strahlenbüschels in ein anderes heißt Abbildung. Aus dem Folgenden wird die Bedeutung und die Anwendung dieses Begriffes näher hervorgehen.

§ 2. Der ebene Spiegel. Trifft ein Lichtstrahl, etwa ein durch eine enge Oeffnung im Fensterladen eines verdunkelten

Zimmers eintretender Sonnenstrahl, auf eine spiegelnde ebene Fläche auf, so ergeben sich aus Versuchen folgende Gesetze:

1. *Einfallender und reflektierter Strahl liegen in einer zur Spiegelebene senkrechten Ebene.*
2. *Der Einfallswinkel e (Fig. 17) ist gleich dem Reflexionswinkel r. Beide Winkel werden gegenüber dem Einfallslot L gemessen.*

Mit Hilfe der Huyghensschen Wellentheorie erklärt sich die Erscheinung der Reflexion so: Das von einer unendlich weit entfernten Lichtquelle ankommende Strahlenbündel weist bei AC Fig. 18 eine Wellenfront auf. Auf ihr kommen alle von der Lichtquelle ausgehenden Strahlen gleichzeitig an. Jeder von einem Strahl des ankommenden Strahlenbündels erreichte

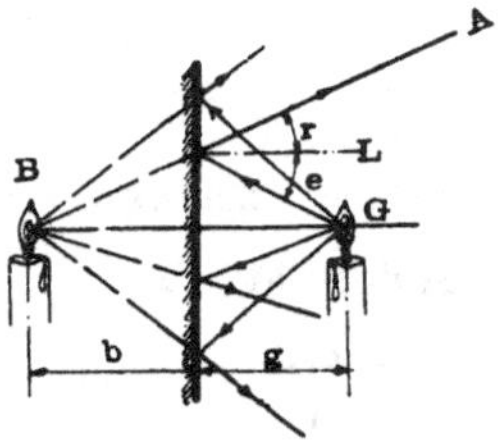

Fig. 17.

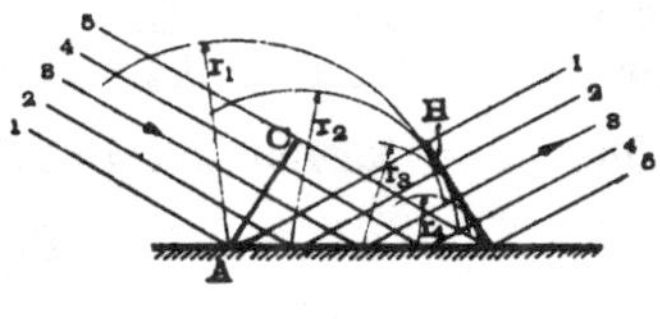

Fig. 18.

Punkt der Spiegelfläche wird zum Ausgangspunkt einer Wellenbewegung, die sich mit der ursprünglichen Geschwindigkeit kugelförmig ausbreitet. Wenn Strahl 5 auf der Spiegelfläche ankommt, haben die Strahlen 1, 2, 3 und 4 schon Kugeloberflächen von den Radien r_1, r_2, r_3 und r_4 erreicht. Diese Kugelflächen schließen sich zu einer ebenen Hüllfläche H zusammen, die wir als neue Wellenfront betrachten können. Senkrecht zu dieser Wellenfront schreitet das Strahlenbündel fort. Die seitlich außerhalb der betrachteten Hüllfläche zerstreuten Wellen kommen nicht zur Geltung.

Mit den oben angeführten Reflexionsgesetzen ergibt sich die Abbildung durch einen ebenen Spiegel an Hand der Fig. 17: Alle Strahlen, die von dem Punkte G herkommen, werden so reflektiert, daß ihre rückwärtigen Verlängerungen sich in B schneiden. In B entsteht ein virtuelles Bild des Gegenstandes G, das ein bei A befindliches Auge beobachtet. Die geometrischen Beziehungen der Fig. 17 ergeben folgende Gesetze, die durch entsprechende Versuche bestätigt werden:

1. Die Gegenstandsweite g ist gleich der Bildweite b.

2. G und B liegen auf einer Senkrechten zur Spiegelebene.

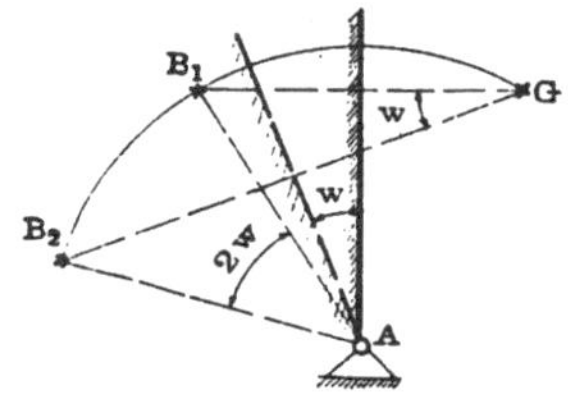

Fig. 19.

Drehen wir den Spiegel (Fig. 19) um eine zur Zeichenebene senkrechte Achse A, so wandert das Bild B eines vor dem Spiegel befindlichen Gegenstandes G auf einem Kreisbogen um A um den doppelten Drehungswinkel w. Der Zentriwinkel B_1AB_2 ist doppelt so groß wie der Peripheriewinkel $B_1GB_2 = w$ über demselben Bogen. Bei einer Parallelverschiebung des Spiegels wandert das Bild doppelt so schnell wie der Spiegel.

Schließen zwei Spiegel einen Winkel w gegeneinander ein, so entstehen mehrere Bilder, da jedes entstehende Bild als neuer Gegenstand auftritt, von dem wieder Bilder erzeugt werden. Die Anzahl der entstehenden Bilder ist $n = \frac{360}{w}$. In Fig. 20 ist $w = 60^0$ gewählt; also entstehen $n = \frac{360}{60} = 6$ Bilder, von denen zwei, B_5 und B_6, zusammenfallen. Für das Bild B_8 ist der wahre Strahlengang nach einem bei A befindlichen Auge hin gezeichnet. Stehen sich die beiden Spiegel parallel gegenüber (w = o), so entstehen unendlich viele Bilder. Auch an auf der Rückseite belegten Glasspiegeln treten mehrere Bilder auf, da die Vorderfläche der Glasscheibe die von der spiegelnden Hinterfläche kommenden Strahlen teilweise reflektiert. Da bei manchen optischen Apparaten diese Erscheinung störend wirkt, so verwendet man hier Metallspiegel oder Glasspiegel, die auf der Vorderseite versilbert oder platiniert sind. (Siehe auch Totalreflexion Kap. IV, § 4.)

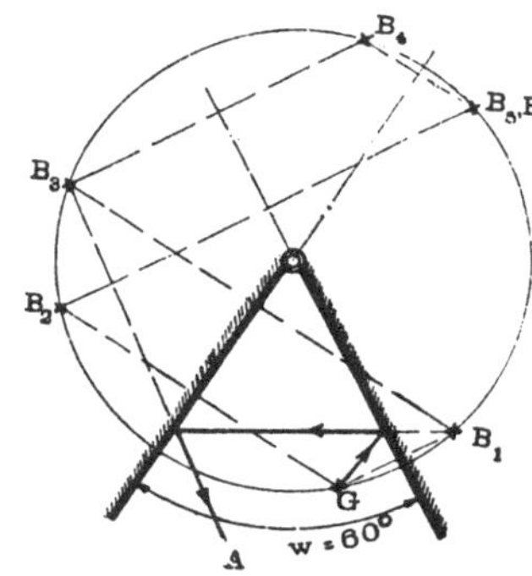

Fig. 20.

Von den vielseitigen Anwendungen des ebenen Spiegels

seien hier folgende genannt: Die Gauß-Poggendorfsche Spiegelablesung wird zur genauen Messung sehr kleiner Drehungen, z. B. der Magnetnadel in einem Galvanometer, benutzt. Der Spiegel S (Fig. 21) ist um eine senkrecht zur Bildebene stehende Achse drehbar. Bei einer Drehung um den Winkel w dreht sich der von der Skala K ausgehende, in das Fernrohr reflektierte Strahl um den Winkel 2 · w; es ist dann:

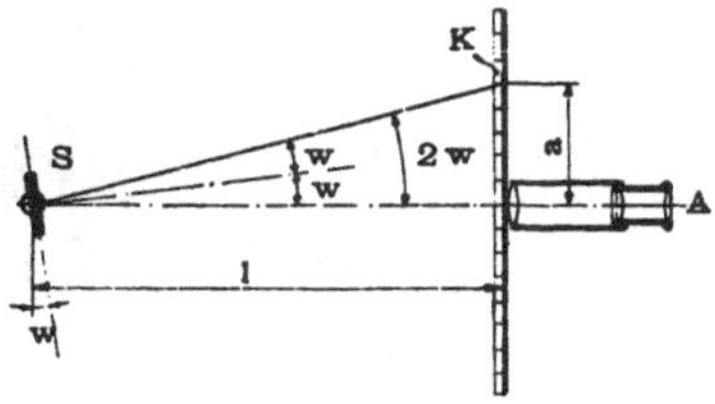

Fig. 21.

$\text{tang } 2 \cdot w = \frac{a}{l}$, woraus w sich berechnen läßt. Die Zahlen auf der Skala bringt man in Spiegelschrift an. Fig. 22 zeigt

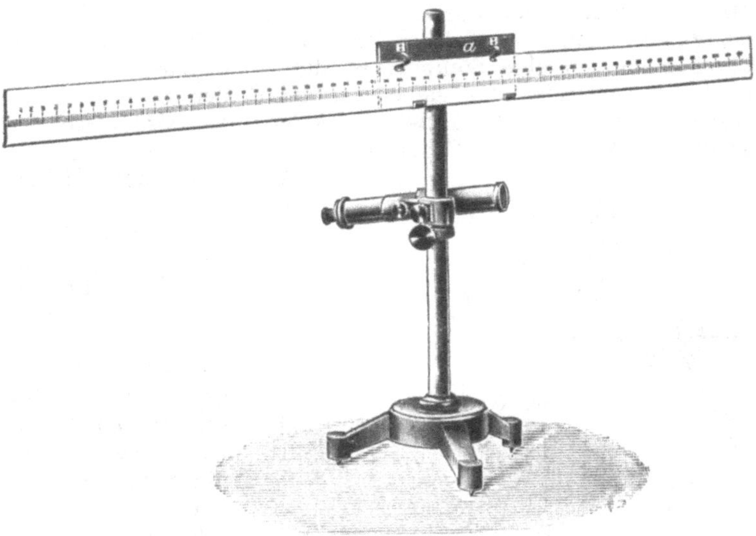

Fig. 22.

das Ablesefernrohr mit der Skala in der Ausführung von Fr. Schmidt u. Haensch. Um einem größeren Auditorium die Spiegeldrehung sichtbar zu machen, ersetzt man das Fernrohr durch eine Lichtquelle und läßt den reflektierten Strahl auf eine Skala an einer entfernten Wand fallen.

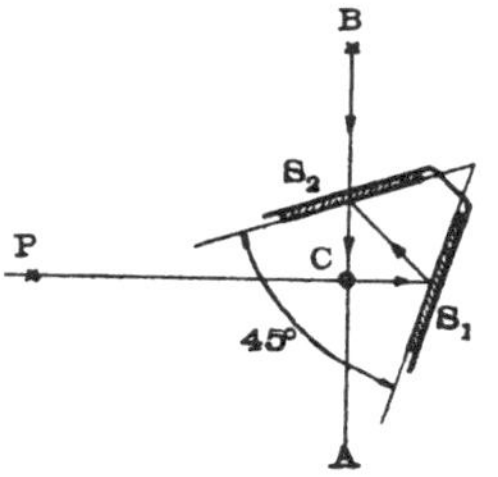

Fig. 23 a.

Fig. 23 b.

Der Winkelspiegel (Fig. 23[a, b]) wird bei Feldmessungen verwendet, um eine Senkrechte auf eine gegebene Richtung, festzulegen. Die Spregel S_1 und S_2 schließen einen Winkel $w = 45^0$ gegeneinander ein und nehmen nur die untere Hälfte des Gehäuses ein. Ueber ihnen befinden sich Fenster, durch deren eines das bei A befindliche Auge den Punkt B (eine Meßlatte) anvisieren kann. Von dem Punkte P gelangt ein Strahl nach zweimaliger Reflexion ebenfalls in das Auge, wie aus Fig. 23[a] zu erkennen ist. Dabei ist $S_1 CA = 2 \cdot w = 90^0$. Findet man durch Probieren eine Stellung, in der B und das Bild von P senkrecht untereinander stehen, so ist C der Scheitel eines rechten Winkels PCB. Mittels eines Senkbleis wird dieser gesuchte Punkt auf den Boden übertragen. Fig. 23[b] zeigt die Ausführung des Winkelspiegels.

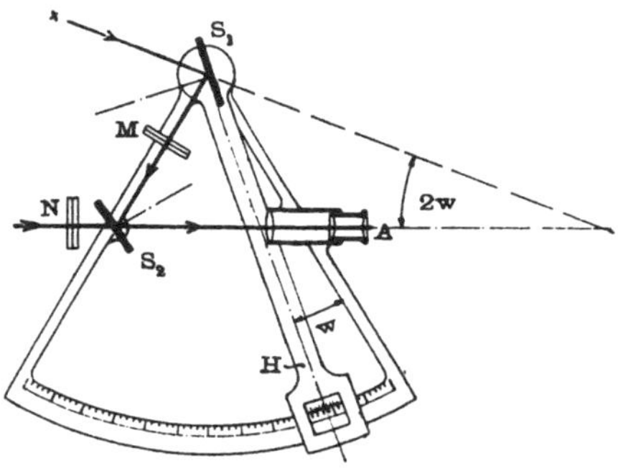

Fig. 24 a.

Der Spiegelsextant (Fig. 24[a, b]) beruht auf demselben Prinzip, nur ist hier der Spiegel S_1 drehbar, so daß man ihn auf verschiedene Winkel einstellen kann. Das Instrument wird hauptsächlich zur Messung von Sternhöhen in der Seeschiffahrt verwendet. Durch den oberen unbelegten Teil der Spiegelscheibe S_2 wird der Horizont anvisiert und dann wird S_1 mittels eines Hebels H (der Alhidade) um einen solchen Winkel w gedreht, daß das Spiegelbild des zu beobachtenden Sternes im unteren Teil von S_2 mit dem Horizont im oberen Teil zusammenfällt. Dann ist der Neigungswinkel des vom Stern herkommenden Strahles gegen den Horizont: 2·w. Der Umstand, daß der Scheitel des gemessenen Winkels nicht genau im Standpunkt des Beobachters liegt, spielt bei diesen Messungen keine Rolle. Um die Sonnenhöhe messen zu können, kann man bei M und N gefärbte Blendgläser einschalten. Bei Messungen auf dem Lande mißt man den Winkel zwischen den Strahlen, die von einem Stern und seinem durch die spiegelnde Oberfläche von Quecksilber in einem offenen Gefäß (einem „künstlichen Horizont") erzeugten Spiegelbild herkommen. Man erhält also hier die doppelte Sternhöhe; die einfache Sternhöhe ist dann w.

Fig. 24 b.

Der Heliostat ist ein Spiegel, der durch ein Uhrwerk so gedreht wird, daß er die Strahlen der gegenüber der Erde sich bewegenden Sonne nach einer unveränderten Richtung reflektiert, z. B. in einen Experimentierraum hineinleitet.

Ueber eine Anwendung der Reflexionsgesetze zur Messung von Körperwinkeln ist im Kap. V § 1 etwas gesagt.

§ 3. Reflexion an gekrümmten Flächen. Einen gekrümmten Spiegel können wir uns aus vielen kleinen ebenen Spiegeln zusammengesetzt denken, für die dann die im § 2 gegebenen Gesetze gültig sind. Wir betrachten zunächst den kugelförmigen Hohlspiegel oder Konkavspiegel Fig. 25. Von dem Punkte G eines Gegenstandes (eines Pfeiles) im Abstande g (Gegenstandsweite) vom Hohlspiegel ausgehend, verfolgen wir den Verlauf zweier Strahlen. Ein parallel zur Achse KM des Hohlspiegels verlaufender Strahl trifft den Spiegel in N. Einfallslot ist der Kugelradius KN. Es ist: $w_1 = w_2$. Der reflektierte Strahl schneidet die Achse in F. Dreieck FNK ist gleichschenklig, also $FN = FK$. Liegt N sehr nahe an M, so können wir setzen: $NF = \sim MF = FK$, also $MF = f = \frac{1}{2} \cdot r$, d. h.:

Alle parallel zur Achse des Hohlspiegels in der Nähe der Spiegelmitte auftreffenden Strahlen werden so reflektiert, daß sie durch den Brennpunkt F hindurchgehen, der den Kugelradius halbiert. f heißt Brennweite. (Diese Bezeichnungen

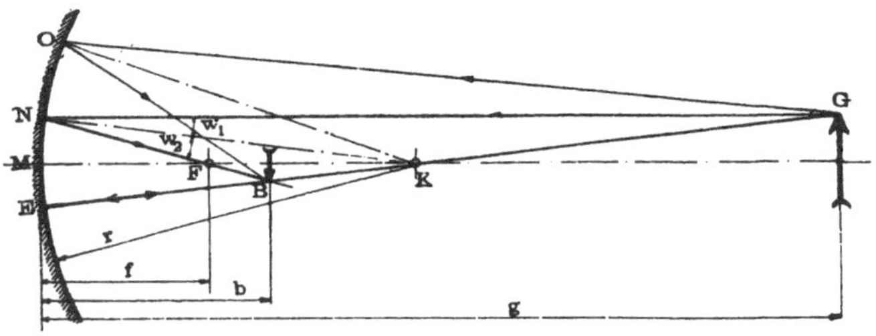

Fig. 25.

finden in der Wärmewirkung der strahlenden Energie ihre Begründung: Die im Brennpunkt eines größeren Hohlspiegels vereinigten Sonnenstrahlen z. B. entzünden einen Holzspan, den man in den Brennpunkt hineinhält.)

Ein zweiter Strahl, der von G aus durch den Kugelmittelpunkt K hindurchgeht, trifft das Spiegelelement E unter einem rechten Winkel und wird in sich selbst zurückgeworfen. Der Schnittpunkt B beider Strahlen ergibt ein Bild von G (s. § 1). Wiederholen wir das Verfahren für andere Punkte des Pfeiles, so ergibt sich bei den gewählten Verhältnissen ($g > r$) ein reelles umgekehrtes verkleinertes Bild des Pfeiles im Abstande b (Bildweite) vor dem Spiegel.

Nach einem Satze aus der Geometrie ist: $BN : GN = BK : GK$, oder, wenn wir auf Grund der oben gemachten Voraussetzung wieder setzen: $BN = \sim b$, $GN = \sim g$, $BK = \sim r - b$, $GK = \sim g - r$, auch: $b : g = (r - b) : (g - r)$ oder $b \cdot g - b \cdot r = g \cdot r - g \cdot b$; $2 \cdot b \cdot g = g \cdot r + b \cdot r$ und, indem wir beide Seiten der letzten Gleichung durch $b \cdot g \cdot r$ dividieren:

$$\frac{2}{r} = \frac{1}{b} + \frac{1}{g} \quad \text{......................} \quad \textit{Gl. } 11^a$$

und mit $f = \frac{r}{2}$:

$$\frac{1}{f} = \frac{1}{b} + \frac{1}{g} \quad \text{......................} \quad \textit{Gl. } 12^a.$$

In Fig. 25 ist noch der von G unter beliebigem Winkel ausgehende Strahl GOB gezeichnet, für den — immer unter der obigen Voraussetzung — die für den Strahl GNB entwickelten Beziehungen unverändert gelten. Wir geben dieser Voraussetzung noch einmal folgenden Ausdruck: Gl. 11 und 12 sind nur so lange gültig, als der Kegelwinkel des benutzten Spiegelstückes, die Apertur, klein ist im Verhältnis zum Kugelradius.

Die Diskussion der Hohlspiegelgleichungen ergibt folgende Fälle:

1. $g = \infty$. Dann lautet Gl. 12^a: $0 + \frac{1}{b} = \frac{1}{f}$ oder $b = f$, d. h., das Bild fällt in die Brennebene (s. unten Fig. 26). Beispiel: Die parallel auf den Hohlspiegel fallenden Sonnenstrahlen vereinigen sich in einem Sonnenbildchen im Brennpunkt. Die Größe des Sonnenbildchens ergibt sich aus der Ueberlegung, daß das Bild vom Kugelmittelpunkt aus unter demselben Winkel gesehen wird wie die Sonne selbst. Dieser Kegelwinkel ist etwa 32′.

2. $\infty > g > r$. Fall der Fig. 25. Da $g < \infty$, so muß $b > f$ werden; das Bild rückt (wenn wir von Fall 1 ausgehen) vom Spiegel ab. Die Größen von Gegenstand und Bild verhalten sich wie die Abstände vom Kugelmittelpunkt. Beispiel: Für $f = 60^{cm}$, also $r = 120^{cm}$ und $g = 300^{cm}$ wird:

$$b = \frac{f \cdot g}{g - f} = \frac{60 \cdot 300}{240} = 75^{cm}$$

Bildgröße: Gegenstandsgröße $= (r - b) : (g - r) = 45 : 180 =$ **1:4.**

3. $g = r$. Dann muß auch sein $b = r$, denn

$$\frac{1}{r} + \frac{1}{r} = \frac{2}{r} = \frac{1}{f}$$

Gegenstand und Bild fallen im Kugelmittelpunkt zusammen und sind von gleicher Größe. Bei einem praktischen Versuche können wir das Bild neben dem Gegenstand in der Mittelpunktsebene im Abstande $g = b = 120^{cm}$ (für $f = 60^{cm}$) vom Spiegel erzeugen, wenn wir den Spiegel um einen kleinen Winkel drehen.

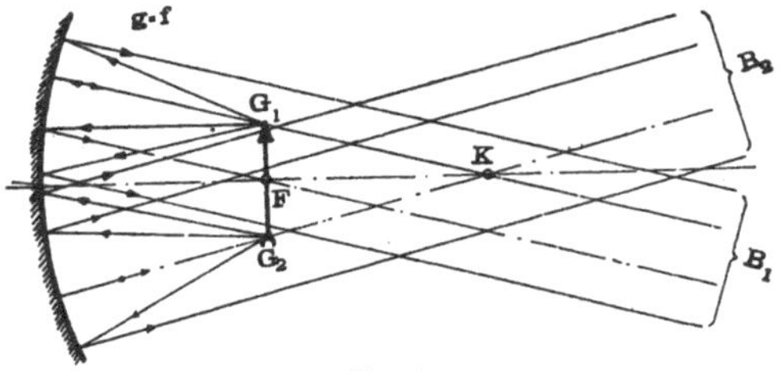

Fig. 26.

4. $r > g > f$. Umkehrung des Falles 2, also mit $f = 60^{cm}$, z. B. $g = 75^{cm}$, $b = 300^{cm}$.

Bildgröße: Gegenstandsgröße $= 180 : 45 = \mathbf{4:1}$.

5. $g = f$, Gegenstand in der Brennebene. Umkehrung des Falles 1. Alle Strahlen werden parallel zu derjenigen Achse reflektiert, die durch den betrachteten Punkt der Brennebene hindurchgeht, Fig. 26. Von einem punktförmigen Gegenstand erzeugt der Hohlspiegel ein zylindrisches Strahlenbündel.

6. $g < f$. Fig. 27. Das reflektierte Strahlenbündel ist divergent. Ein Schnittpunkt zwischen Parallelstrahl und Mittelpunktstrahl ergibt sich erst aus deren rückwärtiger Verlängerung, d. h. hinter dem Spiegel. Wir erhalten im Abstande $-b$ ein virtuelles aufrechtes vergrößertes Bild. Beispiel für $f = 60^{cm}$ und $g = 20^{cm}$:

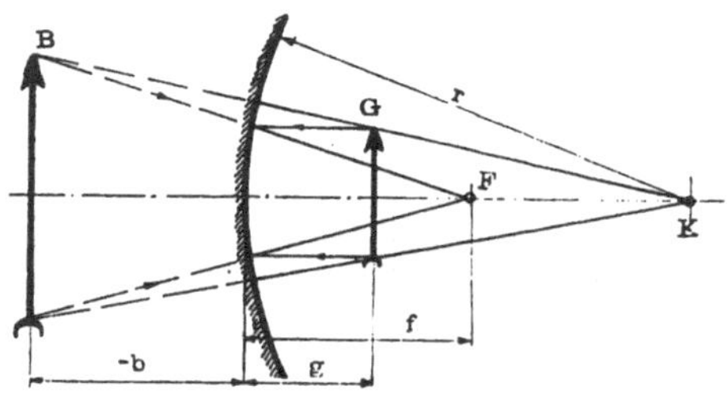

Fig. 27.

$$b = \frac{60 \cdot 20}{20 - 60} = -\mathbf{30}^{cm}$$

Die Beurteilung, ob das Bild wirklich in diesem Abstande entsteht, gelingt, wenn wir im Abstande $-b = 30^{cm}$ hinter dem Hohlspiegel einen Schirm aufstellen. Lassen wir das Auge hin und her wandern, während es das virtuelle Bild betrachtet, so darf nun keine scheinbare Verschiebung zwischen Bild und Schirm auftreten.

Bildgröße: Gegenstandsgröße = (r + b) : (r — g) = 150 : 100 = **1,5 : 1.**

7. g = 0; Gegenstand mit dem Spiegel zusammenfallend. Die Betrachtung der Fig. 27 lehrt, daß in diesem Falle auch b = 0 wird, d. h. Gegenstand und Bild fallen auf dem Spiegel zusammen und sind von gleicher Größe.

Allgemein ergibt sich: Das reelle Bild ist immer umgekehrt und ist kleiner als der Gegenstand, wenn es dem Spiegel näher liegt als jener. Es ist größer als der Gegenstand, wenn es weiter vom Spiegel entfernt liegt als jener.

Der kugelförmige Konvexspiegel ergibt, wie Fig. 28 erkennen läßt, nur virtuelle Bilder, da die reflektierten Strahlen stets divergent sind. Gleichungen 11^a und 12^a gelten auch für den Konvexspiegel, wenn wir r und f mit negativem Vorzeichen einführen. Also:

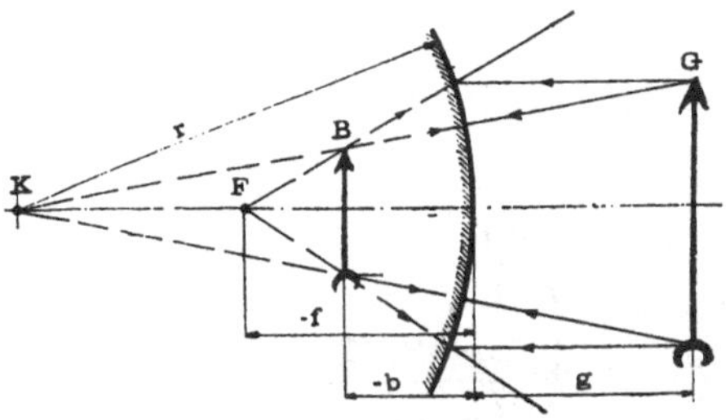

Fig. 28.

$$-\frac{2}{r}=\frac{1}{b}+\frac{1}{g} \quad \dots\dots \text{Gl. } 11^b$$

$$-\frac{1}{f}=\frac{1}{b}+\frac{1}{g} \quad \dots\dots \text{Gl. } 12^b$$

f heißt hier Zerstreuungsweite, F Zerstreuungspunkt. Die Betrachtung der Fig. 28 lehrt, daß die entstehenden Bilder stets aufrecht und verkleinert erscheinen. Beispiele: Für $f = -60^{cm}$ und g = 20, 80 oder 150 wird:

$$b=-\frac{f\cdot g}{f+g}=-\frac{60\cdot 20}{80}=-\mathbf{15}^{cm}.\ \frac{\text{Bildgröße}}{\text{Gegenst.-Gr.}}=\frac{r-b}{r+g}=\frac{105}{140}=\mathbf{0{,}75}$$

$$\text{oder } b=-\frac{60\cdot 80}{140}=\sim-\mathbf{34{,}3}^{cm};\ \frac{\text{Bildgröße}}{\text{Gegenst.-Gr.}}=\frac{85{,}7}{200}=\sim\mathbf{0{,}43}$$

$$\text{oder } b=-\frac{60\cdot 150}{210}=\sim-\mathbf{42{,}9}^{cm};\ \frac{\text{Bildgröße}}{\text{Gegenst.-Gr.}}=\frac{77{,}1}{270}=\sim\mathbf{0{,}286}$$

Der in § 2 betrachtete Fall des ebenen Spiegels ergibt sich aus Gl. 12, wenn wir setzen: $r = \infty$, $f = \infty$. Es ist dann: $\frac{1}{\infty} = \frac{1}{b} + \frac{1}{g}$, also $b = -g$, wie sich auch dort schon ergab.

Bei praktischen Versuchen mit einem Hohlspiegel stellt sich heraus, daß eine Vergrößerung der Apertur zwar die Lichtstärke der reellen Bilder erhöht, daß aber gleichzeitig auch die Schärfe der erzeugten Bilder abnimmt. Die Konturen erscheinen verwaschen. Das Umgekehrte tritt ein, wenn wir durch Anwendung einer kreisförmigen Blende das benutzte Spiegelstück verkleinern. Das Bild wird dann weniger lichtstark, aber schärfer. Die Begründung folgt aus der Ableitung

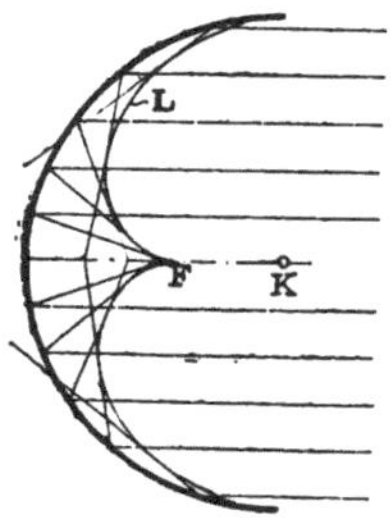

Fig. 29.

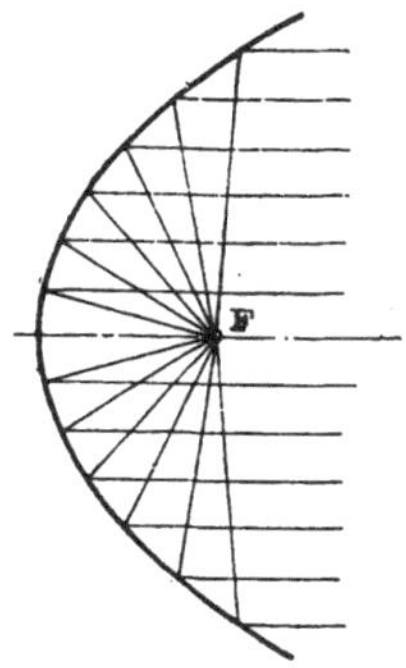

Fig. 30.

der Gl. 11 und 12: Für die vom Rande reflektierten Strahlen trifft die Voraussetzung dieser Ableitung nicht mehr zu. Benutzen wir als Hohlspiegel eine ganze Halbkugel, so werden parallel einfallende Strahlen nicht mehr in einem Brennpunkt vereinigt, sondern es entsteht eine Hüllfläche aller reflektierten Strahlen, deren Querschnitt in der Zeichenebene (Fig. 29) als Brennlinie L — Katakaustika — erscheint. Ein parabolischer Hohlspiegel dagegen vereinigt alle parallel zur Achse der Parabel einfallenden Strahlen im Brennpunkt der erzeugenden Parabel. Die Begründung liegt in der bekannten geometrischen Eigenschaft der Parabel (Fig. 30). Umgekehrt werden alle aus dem Brennpunkt hervorgehenden Strahlen parallel zur Achse der Parabel reflektiert. Parabolische Hohlspiegel werden aus diesem Grunde vielfach in Scheinwerfern verwendet. Einige Beispiele der vielseitigen Anwendung der Hohlspiegel werden an entsprechender Stelle gegeben (siehe Kap. IX § 3). Hier sei nur erwähnt, daß Hohlspiegel außer zu Zwecken der Abbildung in den Spiegelteleskopen vor allem als Beleuchtungsspiegel in physikalischen und chirurgischen Instrumenten Verwendung finden.

§ 4. Diffuse Reflexion. Die im § 2 angenommene Entstehung eines reflektierten Strahles und der diesen Strahl aussendenden Wellenfläche ist nur möglich, wenn die Unebenheiten der reflektierenden Oberfläche klein sind gegen die Größe der Wellenlängen (s. Kap. VII § 4) und wenn die ebenen Teile der Oberfläche eine endliche Ausdehnung haben. Ist die Oberfläche ganz unregelmäßig gekrümmt oder gebrochen, so kann auch eine regelmäßige Reflexion nicht mehr erfolgen. Die einfallenden Strahlen werden diffus reflektiert. Eine vollkommen rauhe, diffus reflektierende Fläche zerstreut die einfallenden Strahlen so gleichmäßig nach allen Seiten, als es ein selbstleuchtender Körper tun würde. Die Flächen werden dadurch sichtbar. Die Frage, wie sich die diffus reflektierte Lichtmenge zu der gesamten auffallenden Lichtenergie verhält, ist in Kap. V und VI näher erörtert. Aus der Beantwortung dieser Frage ergibt sich auch die Erklärung der Körperfarben.

IV. Kapitel.

Brechung, Totalreflexion, Linsen.

§ 1. Das Brechungsgesetz. Durchschreitet ein Lichtstrahl in schräger Richtung die Trennfläche zwischen zwei durchsichtigen Stoffen, in denen die Lichtgeschwindigkeit verschieden groß ist (Stoffe verschiedener optischer Dichte), so wird der Strahl gebrochen. Aus Versuchen ergeben sich die Gesetze:

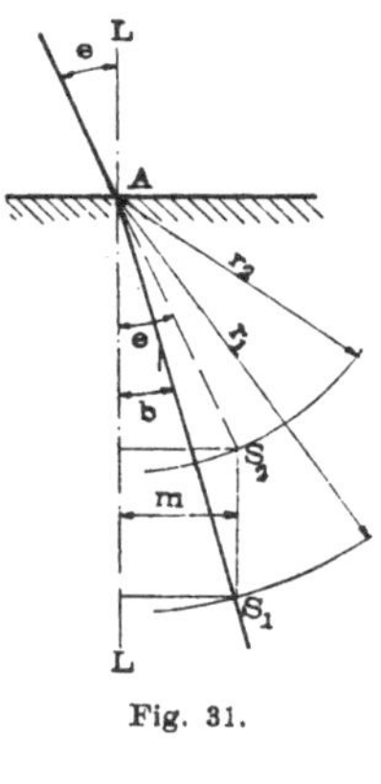

Fig. 31.

1. *Einfallender Strahl, Einfallslot und gebrochener Strahl liegen in einer zur brechenden Trennebene senkrechten Ebene.*
2. *Einfallender Strahl und gebrochener Strahl liegen auf entgegengesetzten Seiten des Einfallslotes.*
3. *Das Verhältnis: sin des Einfallswinkels zum sin des Brechungswinkels ist konstant gleich dem Verhältnis der Lichtgeschwindigkeiten,*

also mit den Bezeichnungen der Fig. 31 und wenn wir als Brechungsquotienten n das Verhältnis der Lichtgeschwindigkeiten bezeichnen:

$$\frac{\sin e}{\sin b} = konst. = n \quad \ldots\ldots\ldots\ldots\ldots\ldots\ldots\ldots \quad Gl.\ 13.$$

Ist z. B. das Verhältnis der Lichtgeschwindigkeiten in Luft und Glas $n = 3/2$, so ist nach Gl. 13 $\sin b < \sin e$ also auch $b < e$, d. h. der Lichtstrahl wird beim Uebergang aus Luft in Glas dem Einfallslote zu gebrochen. Umgekehrt wird der Strahl beim Uebergang aus Glas in Luft vom Einfallslote ab gebrochen.

Die Erklärung des Brechungsgesetzes Gl. 13 ergibt sich aus dem Huyghensschen Prinzip (Kap. I § 1, 9). Ein Lichtstrahlenbündel (Fig. 32), das von einer unendlich weit entfernten Lichtquelle herkommen möge, gehe aus einem optisch dünneren in ein optisch dichteres Mittel über, erleide also eine Verzögerung seiner Fortpflanzungsgeschwindigkeit. Das Bündel weist bei AC eine Wellenfront auf, die von der Wellenbewegung gleichzeitig erreicht wird. Wenn beim weiteren Fortschreiten Strahl 5 auf der brechenden Ebene ankommt, haben die von den Strahlen 1, 2, 3 und 4 nacheinander erreichten Aetherteilchen, die in der Trennebene AB liegen, schon kugelförmig in dem neuen Mittel sich ausbreitende Wellen ausgesandt. Die Kugelradien sind jedoch wegen der geringeren Lichtgeschwindigkeit in dem neuen Mittel kleiner als die in dem optisch dünneren Mittel gleichzeitig durchmessenen Wegstrecken und es gilt z. B. das Verhältnis: CB : AD = n. Daher liegt die als Hüllfläche der Kugelwellen erscheinende Wellenfront DB gegen AC geneigt, und senkrecht zu dieser neuen Wellenfront DB schreitet das gebrochene Strahlenbündel fort.

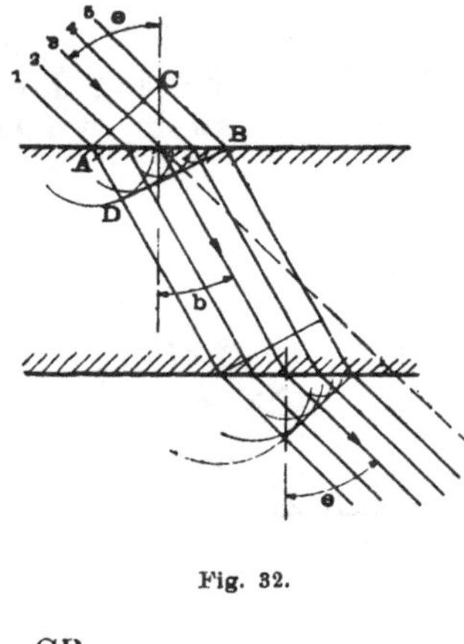

Fig. 32.

Aus den beiden rechtwinkligen Dreiecken ACB und ADB ergibt sich:

$$\frac{\sin e}{\sin b} = \frac{CB}{AB} : \frac{AD}{AB} = \frac{CB}{AD} = n,$$

das ist Gl. 13.

In der Tabelle im Kap. V § 1 sind die Brechungsquotienten n_D gegenüber Luft als optisch dünnerem Medium für verschiedene Stoffe und verschiedene Farben des Lichts angegeben. Der absolute Brechungsquotient gilt für den Uebergang aus dem luftleeren Raum in einen brechenden Körper. In der praktischen Optik wird meistens der Brechungsquotient gegenüber Luft gebraucht. Mit dessen Kenntnis ergibt Gl. 13 folgende geometrische Konstruktion des Strahlenganges: Wir ziehen um den Einfallspunkt A (Fig. 31) des zu verfolgenden Lichtstrahls zwei Kreise, deren Radien sich wie n : 1 verhalten.

Also z. B. für $n = 3/2$ (Uebergang von Luft in Crownglas) in der Figur gewählt: $r_1 = 30^{mm}$, $r_2 = 20^{mm}$. Wir ziehen den Lichtstrahl in der ursprünglichen gegebenen Richtung bis zum Schnittpunkt S_2 mit dem kleineren Kreise und ziehen $S_2 S_1$ parallel zum Einfallslot L bis zum Schnittpunkt S_1 mit dem größeren Kreise. Dann ergibt AS_1 die Richtung des gebrochenen Strahls. Für den Uebergang aus dem optisch dichteren in das dünnere Mittel ergibt sich die gleiche Konstruktion unter Vertauschung der Kreise. Es ist in Fig. 31:

$$\sin e = \frac{m}{r_2}, \ \sin b = \frac{m}{r_1}, \ \text{also} \ \frac{\sin e}{\sin b} = \frac{r_1}{r_2} = n.$$

Ueber einen Fall der Abbildung durch eine ebene brechende Fläche (Wasserspiegel) s. § 5!

§ 2. Durchgang durch parallelwandige ebene Platten. Geht ein Lichtstrahl in schräger Richtung durch eine parallel-

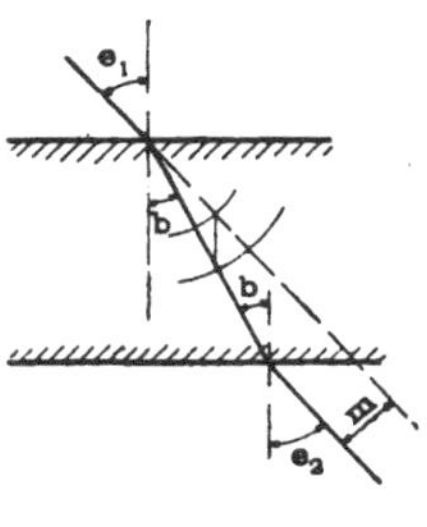

Fig. 33.

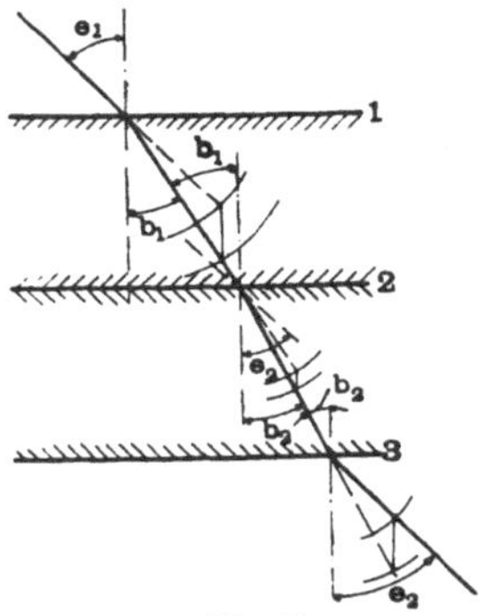

Fig. 34.

wandige ebene Glasplatte hindurch, so wird er beim Eintritt nach Gl. 13 dem Einfallslot zu gebrochen, beim Austritt aber wieder vom Einfallslot ab gebrochen. Nach Fig. 33 ist: $\frac{\sin e_1}{\sin b} = n$, aber auch: $\frac{\sin e_2}{\sin b} = n$, folglich: $\sin e_1 = \sin e_2$ oder $e_1 = e_2$. Der aus der Glasplatte austretende Strahl ist also zur ursprünglichen Richtung parallel; er ist aber um das Stück m seitlich gegen die ursprüngliche Lage verschoben.

Auch wenn der Strahl durch mehrere Platten von verschiedener optischer Dichte hindurchgeht und zuletzt wieder in das erste Mittel zurückgelangt, tritt er hier, wie sich aus Experimenten ergibt, wieder parallel zur ursprünglichen Richtung aus. Ist z. B. in Fig. 34 über 1 Luft, die Schicht 1—2 Wasser ($n_1 = 4/3$), die Schicht 2—3 Glas ($n_2 = ?$), unter 3 wieder Luft (für Luft in Glas: $n_3 = n_1 = 3/2$), so ist:

$$\frac{\sin e_1}{\sin b_1} = n_1, \quad \frac{\sin b_1}{\sin b_2} = n_2, \quad \frac{\sin e_2}{\sin b_2} = n_3, \text{ also:}$$

$$\frac{n_3}{n_1} = \frac{\sin e_2}{\sin b_2} \cdot \frac{\sin b_1}{\sin e_1} = \frac{\sin e_2}{\sin e_1} \cdot n_2$$

und da nach der Erfahrung (s. auch unten): $e_2 = e_1$, also $\sin e_2 = \sin e_1$ ist, auch:

$$\frac{n_3}{n_1} = n_2 \quad \ldots\ldots\ldots\ldots\ldots \quad Gl.\ 14.$$

In unserem Beispiele Fig. 34 ist mit den angenommenen Zahlenwerten:

$$n_2 = \frac{3}{2} \cdot \frac{3}{4} = \frac{9}{8}$$

für den Uebergang von Wasser in Glas.

Daß $e_2 = e_1$ sein wird, leuchtet übrigens auch ein, wenn wir uns zwischen Wasser und Glas, also bei 2 in Fig. 34 eine dünne Luftschicht vorstellen, die der Lichtstrahl (wie gestrichelt angedeutet) unter dem Winkel $e_1 = e_2$ gegen das Einfallslot durchschreiten würde.

§ 3. Durchgang einfarbigen Lichts durch Prismen.

Einen lichtbrechenden Körper mit zwei ebenen nicht parallelen Grenzflächen nennt man in der Optik ein **Prisma**. Die Schnittkante K zwischen den Ebenen Fig. 35 heißt **brechende Kante**, der von ihnen eingeschlossene Winkel α **brechender Winkel**. Eine zur brechenden Kante senkrechte Ebene (hier die Zeichenebene) heißt **Hauptschnitt**.

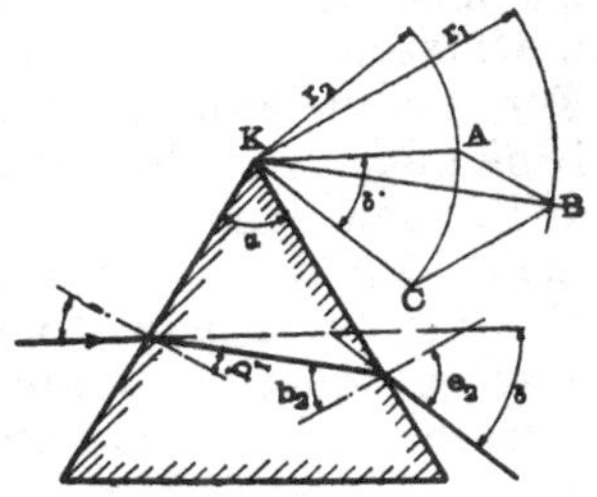

Fig. 35.

Als weitere Konsequenz der bisher betrachteten Brechungserscheinungen tritt beim Durchgang eines weißen Lichtstrahls durch ein Prisma **Dispersion** auf, das ist die Zerlegung des weißen Lichts in seine farbigen Bestandteile.

Diese Erscheinung, die im Kap. V näher behandelt ist, wollen wir hier zunächst ausschalten, indem wir annehmen, die betrachteten Lichtstrahlen seien einfarbig, z. B. von einer gelben Natriumflamme (mit Kochsalz gelb gefärbter Flamme eines Bunsenbrenners) ausgehend. Dann tritt keine Farbenzerstreuung auf und wir haben es nur mit der Anwendung der im § 1 gegebenen Brechungsgesetze zu tun.

Ein in einem Hauptschnitt verlaufender Lichtstrahl Fig. 35 wird so gebrochen, daß der austretende Strahl gegen den eintretenden einen Winkel einschließt, dessen Scheitel zur Seite der brechenden Kante hin gerichtet ist. Sind Einfallswinkel e_1 und Brechungsquotient n gegeben, so ergibt die im § 1 angegebene Konstruktion hier folgende Ermittelung des Strahlenganges: Schlage um K Kreise, deren Radien sich wie n:1 verhalten. Ziehe eine Parallele durch K zum einfallenden Strahl bis zum Schnittpunkt A mit dem kleineren Kreise, AB als Einfallslot zur ersten brechenden Ebene bis zum Schnittpunkt B mit dem großen Kreise, dann ist der Verlauf des Strahls im Prisma parallel zu KB. Ziehe von B ein Einfallslot zur zweiten brechenden Ebene bis zum Schnittpunkt C mit dem kleineren Kreise, dann ist der aus dem Prisma austretende Strahl parallel zu KC.

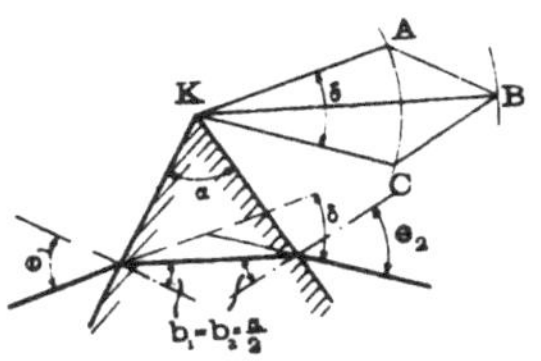

Fig. 36.

Eine Betrachtung der Fig. 36 lehrt, daß für einen gegebenen brechenden Winkel α die gesamte Ablenkung $\delta = e_1 + e_2 - \alpha$ am kleinsten wird für $e_1 = e_2$ und $b_1 = b_2$ d. h. für symmetrischen Durchgang des Strahles durch das Prisma. Für diesem Fall erhalten wir also das Minimum der Ablenkung. In allen andern Fällen ist die Ablenkung größer, z. B. auch dann, wenn der Strahl nicht in einem Hauptschnitt liegt. Mit der letzten Angabe erklärt sich die Tatsache, daß eine zur brechenden Kante parallele Gerade durch das Prisma gesehen gebogen erscheint. Die durch einen Hauptschnitt betrachtete Mitte der Linie liegt der brechenden Kante näher als die Enden. Für den Fall des symmetrischen Durchganges, also kleinster Ablenkung wird $\delta = 2 \cdot e - \alpha$ oder

$$\sin e = \sin \frac{\delta + \alpha}{2},$$

ferner ist in diesem Falle:

$$b_1 = b_2 = \frac{\alpha}{2}, \quad \text{also } n = \frac{\sin e}{\sin\frac{\alpha}{2}}$$

und schließlich:

$$n = \frac{\sin\frac{\delta + \alpha}{2}}{\sin\frac{\alpha}{2}} \quad \ldots\ldots\ldots\ldots\ldots\ldots\ldots \quad Gl.\ 15.$$

Diese Gleichung setzt uns in den Stand, die Brechungsquotienten einer Prismensubstanz zu bestimmen, wenn wir den brechenden Winkel α und den kleinsten Ablenkungswinkel durch das Experiment bestimmen. (Methode von Fraunhofer.) Die Messungen werden mittels des Spektrometers angestellt, das im Kap. V § 1 näher besprochen wird.

§ 4. Totalreflexion. Geht ein Lichtstrahl aus einem optisch dichteren in ein dünneres Mittel über, so kann der Brechungswinkel (z. B. e in Fig. 31; umgekehrter Strahlengang) höchstens 90^0 werden. In diesem Falle treten die gebrochenen Strahlen an der brechenden Ebene entlang streifend aus. Wird der zugehörige Einfallswinkel b überschritten, so können die Strahlen nicht mehr austreten, sondern sie werden total reflektiert, d. h. sie folgen nun den für die Reflexion gültigen Gesetzen (Kap. III § 2). Für den Grenzwinkel der Totalreflexion η $(= b)$ ergibt sich aus Gl. 13 mit $e = 90^0$:

$$\frac{1}{\sin \eta} = n,$$

$$\sin \eta = \frac{1}{n} \quad \ldots\ldots\ldots\ldots\ldots\ldots\ldots \quad Gl.\ 16.$$

Für Crownglas und Luft mit $n = 3/2$ ergibt sich hieraus der Grenzwinkel der Totalreflexion: $\eta = \sim 41^0 50'$, für Wasser und Luft mit $n = 4/3$: $\eta = \sim 48^0 35$. Die Anwendung der im § 1 gegebenen geometrischen Konstruktion des Strahlenganges Fig. 31 führt für $b > \eta$ zu keinem Ergebnis, da die Parallele zum Einfallslot durch S_1 den kleineren Kreis nicht mehr schneidet.

Die Erscheinung der Totalreflexion läßt sich in einfacher Weise zeigen, wenn wir ein leeres Probierröhrchen in Wasser halten und schräg von oben her betrachten, Fig. 37. Der Übergang des Lichtes aus der Glaswand in die Luft im Inneren der Röhre ist wegen des großen Einfallswinkels unmöglich und das, wie in der Figur angedeutet, in das Auge A hinein total reflektierte Licht läßt die Röhre in hellem Glanz erscheinen, etwa als wäre die Röhre mit Quecksilber gefüllt. Dieser Glanz ist sogar lebhafter, als wenn wirklich Quecksilber in der Röhre ist, denn bei der Totalreflexion geht nicht, wie es bei der Spiegelung der Fall ist, Licht durch Absorption verloren (s. Kap. IV und V).

Die Totalreflexion wird in optischen Instrumenten vielseitig angewandt, vor allem in den totalreflektierenden Prismen. Eine Anwendung lernten wir schon in der Lummer-Brodhunschen Prismenkombination kennen Fig. 13. Das Prisma P hat ein gleichschenkliges rechtwinkliges Dreieck zur Grundfläche. Der ähnlich geformte Glaskörper G weist an Stelle der Hypotenusenfläche eine Kugelfläche auf, von der ein kleiner Abschnitt eben abgeschliffen ist. Dieser kreisförmige Abschnitt ist mit Kanadabalsam, einem durchsichtigen Kitt, der denselben Brechungsquotienten hat wie Crownglas, auf die ebene Hypotenusenfläche von P aufgekittet. An dieser Stelle gehen die beiden von den Spiegeln S_1 und S_2 kommenden Strahlen ungehindert und ungebrochen hindurch, während sie rings um die Kittfläche herum, da wo außen Luft sich befindet, total reflektiert werden. Die von S_2 aus durch die Kittfläche hindurchgehenden und die von S_1 ausgehenden, rings um die Kittfläche von der Kugelfläche total reflektierten Strahlen werden durch schwarze Gehäusewände absorbiert. Dagegen werden die von S_1 aus durch die Kittfläche hindurchgehenden und die von S_2 ausgehenden in P rings um die Kittfläche um $90^0 = 2 \cdot 45^0$ total reflektierten Strahlen parallel gerichtet und gemeinsam in das Fernrohr geworfen, durch das sie in das Auge A des Beschauers gelangen. Da das Auge die kreisrunde Kittfläche unter einem Winkel sieht, so erscheint ihr Bild — bei ungleicher Beleuchtung der Flächen F_1 und F_2 — elliptisch, wie Fig. 13[b] erkennen läßt.

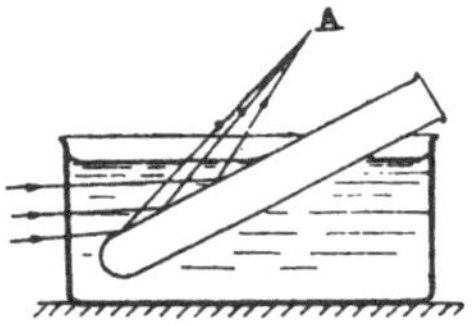

Fig. 37.

Fig. 38 zeigt ein in Projektionsapparaten zur Aufrichtung der umgekehrten Bilder gelegentlich angewendetes Umkehrprisma. Der brechende Winkel ist so gewählt, daß alle parallel zur unteren Ebene eintretenden Strahlen an dieser total reflektiert werden und das Prisma parallel zur ursprünglichen Richtung verlassen. Der Vorgang bei der hierdurch

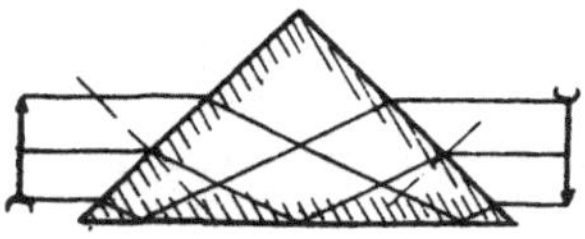

Fig. 38.

Fig. 39.

erzielten Bildumkehrung ist aus Fig. 38 zu erkennen. Während bei diesem Prisma nur eine Vertauschung von oben und unten erreicht wird, nicht aber von rechts und links, gelingt mit dem Abbeschen Umkehrprisma Fig. 39 eine vollständige Umkehr des Bildes. Bei beiden Prismen fallen eintretender und austretender Mittelstrahl in dieselbe Gerade. Bei der Porroschen Prismenkombination Fig. 40 findet ebenfalls vollständige Umkehr des Bildes und gleichzeitig Verschiebung um die Strecken m und n statt.

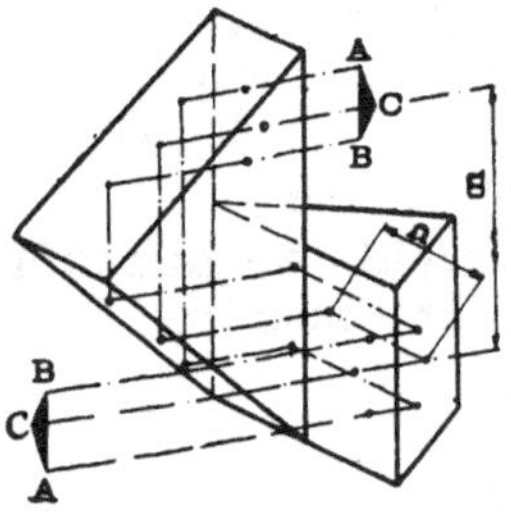

Fig. 40.

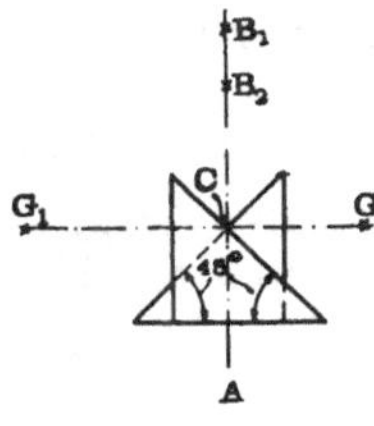

Fig. 41 a.

Das Winkelprisma (Fig. $41^{a,b}$) dient zum Abstecken gerader Linien und zum Abloten beim Feldmessen, also u. a. dem gleichen Zweck, wie der in Fig. $23^{a,b}$ gezeigte Winkelspiegel. Seine Wirkungsweise geht aus Fig. 41^a hervor. Die Bilder B_1 und B_2 von G_1 und G_2 müssen senkrecht über-

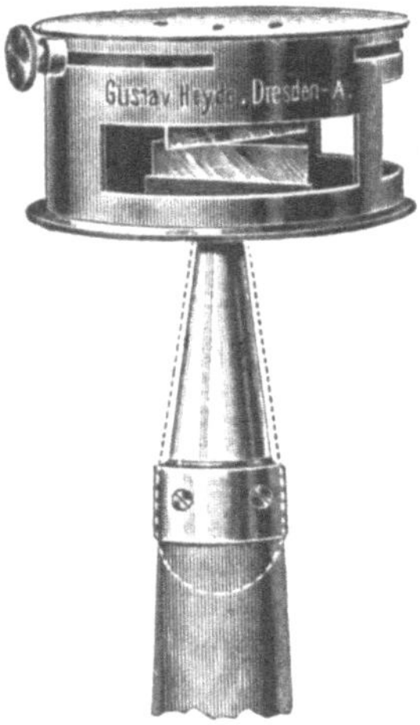

Fig. 41 b.

einander liegen, dann ist G_1CG_2 eine gerade Linie. Fig. 41^b zeigt ein Instrument, bei dem das obere Prisma drehbar ist, so daß man auf verschiedene Winkel einstellen kann.

In den Leuchtfontänen wird die Totalreflektion in der aus Fig. 42 in zu ersehenden Weise nutzbar gemacht. In gleicher Weise leitet auch ein nicht zu stark gekrümmter Glasstab achsial

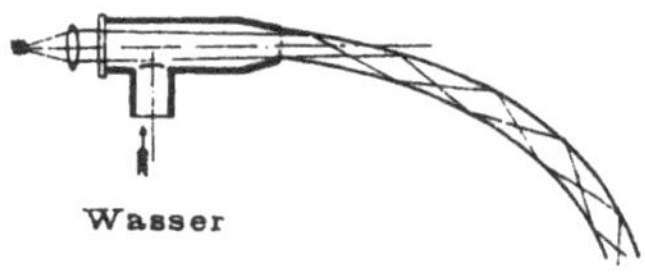

Fig. 42.

zugeführte Lichtstrahlen fort, was man zur Beleuchtung von Präparaten in Mikroskopen angewandt hat.

Wasserstandsgläser an Dampfkesseln versieht man auf der Innenseite oft mit eingeschliffenen Rillen, an denen dort, wo sich im Innern Dampf befindet, Glanzwirkung durch Totalreflexion des von außen eintretenden Lichtes erfolgt, während der untere Teil, da wo das Glas an Wasser grenzt, wegen des kleineren relativen Brechungsquotienten Licht hindurchläßt, also dunkel erscheint. Weitere Anwendungen der Totalreflexion werden an entsprechender Stelle besprochen.

§ 5. Brechung einfarbigen Lichts an kugelförmigen Flächen, Linsen. Um das durch Brechung an der Kugel-

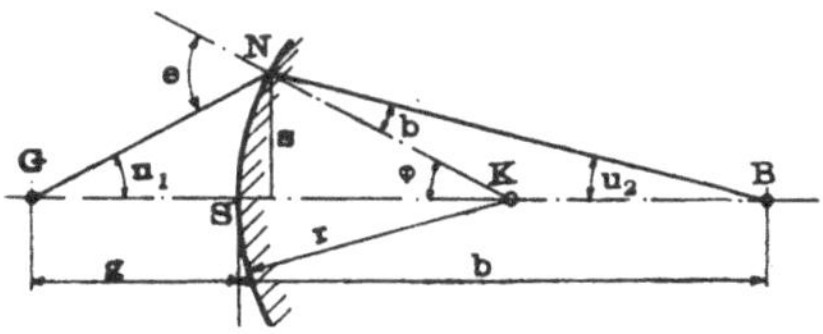

Fig. 43.

fläche (Fig. 43) entstehende Bild des leuchtenden Punktes G zu finden, verfolgen wir zwei von G ausgehende Strahlen bis zu ihrem neuen Schnittpunkt und nehmen an, daß auch alle übrigen Strahlen zu diesem homozentrisch verlaufen. Ein radial auftreffender Strahl GSK geht ungebrochen weiter. Strahl GN wird so gebrochen, daß $\frac{\sin e}{\sin b} = \frac{n_2}{n_1}$ wird (Gl. 13 und 14). Wir machen wieder die Voraussetzung, daß nur Strahlenbündel von geringer Apertur, sog. Nullstrahlen zur Anwendung kommen, daß also sowohl $\sphericalangle\, u_1$ und u_2 als auch $\sphericalangle$ e und b klein seien. Dann können wir die Sinus durch die Winkel ersetzen und die obige Gleichung auch schreiben:

$$n_1 \cdot e = n_2 \cdot b.$$

Setzen wir ferner:

$$e = u_1 + \varphi, \quad b = \varphi - u_2 \text{ (Außenwinkel)},$$

so erhalten wir:

$$n_1 \cdot u_1 + n_2 \cdot u_2 = \varphi \cdot (n_2 - n_1).$$

Unter der oben gemachten Voraussetzung können wir weiter setzen:

$$\sin u_1 = \sim u_1 = \sim \frac{SN}{GN} = \sim \frac{s}{g}$$

und ebenso:

$$u_2 = \sim \frac{s}{b}, \quad \varphi = \sim \frac{s}{r}.$$

Indem wir diese Größen in die letzte Gleichung einsetzen und gleichzeitig s herausheben, folgt:

$$\frac{n_1}{g} + \frac{n_2}{b} = \frac{n_2 - n_1}{r} \quad \ldots\ldots\ldots\ldots \quad Gl.\ 17.$$

G und B sind konjugierte Punkte; von einem leuchtenden Punkte B entsteht umgekehrt in G ein Bild.

Gl. 17 gilt auch für eine konkave brechende Fläche, wenn wir den Wert r mit negativem Vorzeichen einführen. Für eine ebene Fläche ist $r = \infty$. Dieser Sonderfall soll hier gleich an einem Beispiel erläutert werden. Betrachten wir in senkrechter Richtung einen unter einem Wasserspiegel liegenden leuchtenden Gegenstand, so kommen hierbei nur Nullstrahlen zur Geltung, d. h. solche, die in unmittelbarer Nähe der als Achse aufgefaßten Verbindungslinie zwischen dem Auge und dem betrachteten Gegenstand liegen. Mit den Werten:

$$r = \infty, \; n_1 = 4/3, \; n_2 = 1$$

geht nun Gl. 17 über in:

$$\frac{4/3}{g} + \frac{1}{b} = 0, \text{ daraus: } b = -3/4 \cdot g.$$

Das negative Vorzeichen sagt aus, daß das entstehende Bild auf derselben Seite der brechenden Wasseroberfläche liegt, als der Gegenstand, d. h. unter ihr. Der Gegenstand erscheint um ein Viertel seines Abstandes von der Oberfläche gehoben.

Bei den meisten praktischen Verwendungen kugelförmiger brechender Flächen begrenzt man den brechenden Strahl auch nach der Austrittsseite hin durch eine Kugelfläche und erhält so eine Linse. Die Verbindungslinie der Krümmungsmittelpunkte heißt Achse der Linse. Wir unterscheiden folgende Arten von Linsen (Fig. 44):

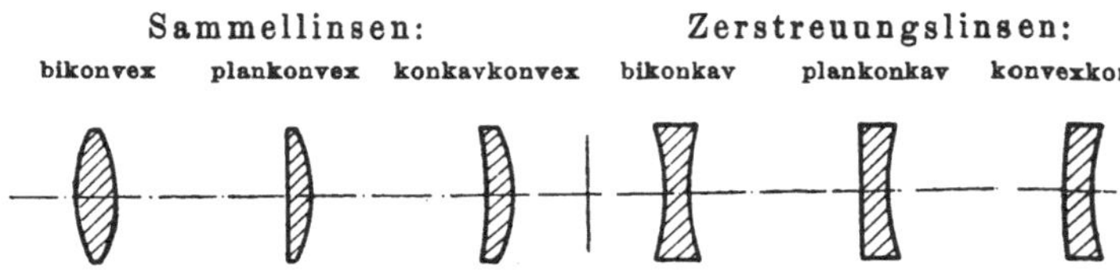

Fig. 44.

Sammellinsen machen ein paralleles (enges) Strahlenbündel nach einem reellen Brennpunkt hin konvergent. Sie sind in der Mitte dicker als am Rande. Zerstreuungslinsen machen ein paralleles Strahlenbündel divergent, so daß es von einem virtuellen Brennpunkt, dem Zerstreuungspunkt, auszugehen scheint. Sie sind in der Mitte dünner als am Rande.

Gl. 17 lautet für den Fall, daß $n_1 = 1$ (Luft) und $n_2 = n =$ Brechungsquotient des Linsenmaterials ist und daß für die linke Kugelfläche (Fig. 45) $r = r_1$ gilt:

$$\frac{1}{g} + \frac{n}{b_1} = \frac{n-1}{r_1} \quad \text{.........................} \quad \text{(Gl. a).}$$

Die Bildweite b_1 fassen wir nun als negative Gegenstandsweite $g_2 = -b_1$ in bezug auf die zweite brechende Kugelfläche vom Radius r_2 auf. (Die Linsendicke ist $= 0$ zu setzen.)

Wir müssen aber bedenken, daß der von dem virtuellen Gegenstand B_1 (bzw. G_2) scheinbar ankommende Einfallsstrahl $B_1 N_1$ in Wirklichkeit von links herkommend in dem Mittel vom Brechungsquotienten n (Linsenmaterial) verläuft, während der gebrochene Strahl $N_2 B_2$ durch die Luft geht ($n = 1$). Damit erhält für diese zweite Brechung an der von links gesehen konkaven Kugelfläche 2 (r_2 negativ!) Gl. 17 sinngemäß die Form:

$$-\frac{n}{b_1} + \frac{1}{b} = \frac{1-n}{-r_2} = \frac{n-1}{r_2} \quad \ldots\ldots\ldots\ldots\ldots \text{(Gl. b)}.$$

Die Addition der Gl. a und b ergibt die wichtige Gleichung:

$$\frac{1}{g} + \frac{1}{b} = (n-1) \cdot \left(\frac{1}{r_1} + \frac{1}{r_2}\right) \quad \ldots\ldots\ldots\ldots \text{Gl. 18.}$$

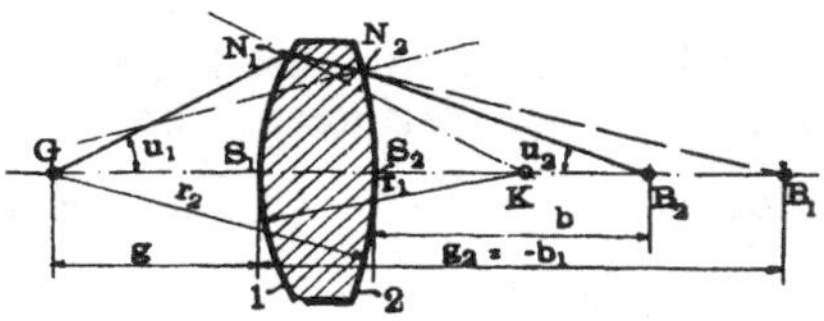

Fig. 45.

Setzen wir $g = \infty$ (z. B. Sonnenabstand), so wird $\frac{1}{g} = 0$. Die Bildweite b gewinnt in diesem Falle den Charakter der Brennweite f, da sich genau wie beim Hohlspiegel achsenparallel und nahe der Achse einfallende Strahlen im Brennpunkt vereinigen. Damit geht Gl. 18 über in die Form:

$$\frac{1}{f} = (n-1) \cdot \left(\frac{1}{r_1} + \frac{1}{r_2}\right) \quad \ldots\ldots\ldots\ldots\ldots\ldots \text{Gl. 19.}$$

Wir erhalten aus Gl. 18 und 19:

$$\frac{1}{f} = \frac{1}{g} + \frac{1}{b} \quad \ldots\ldots\ldots\ldots\ldots\ldots\ldots\ldots\ldots \text{Gl. } 20^a.$$

Bezüglich der Vorzeichen in dieser Gleichung müssen wir beachten, daß g und b (im Gegensatz zu der Bedeutung in der gleichlautenden Formel für Hohlspiegel Gl. $12^{a,b}$) bei Sammellinsen beide positiv sind, wenn Gegenstand und Bild auf verschiedenen Seiten der Linse liegen. Ist einer der Werte negativ, so liegen Gegenstand und Bild auf derselben Seite. Bezüglich der Gl. 19 und 20 ist ferner zu beachten, daß die Vorzeichen von r_1 und r_2 bei der Ableitung schon berücksichtigt sind[1]). Wollen wir also die Gleichungen für eine Bikonvexlinse anwenden, so müssen wir nun r_1 und r_2 mit positivem Vorzeichen einführen. Einer nach außen konkaven Linsenkrümmung entspricht das negative Vorzeichen von r in Gl. 18 und 19, für Planflächen wird $r = \infty$.

Bei der Ableitung der vorstehenden Gleichungen ist abgesehen von den erwähnten vereinfachenden Annahmen auch die Linsendicke vernachlässigt. Diese Gleichungen heißen daher: Abbildungsgleichungen der ideellen oder unendlich dünnen Linse. Unten ist näher erörtert, wie man auf zeichnerischem Wege die durch die Linsendicke gebotene Korrektur vornimmt.

Das Verständnis der Gl. 18—20 wird sich am besten ergeben, wenn wir für eine bestimmte Linse eine Anzahl Fälle rechnerisch und zeichnerisch verfolgen. Es sei eine Bikonvexlinse aus Crownglas $\left(n = \frac{3}{2}\right)$ mit den Krümmungsradien $+r_1 = +r_2 = 60^{cm}$ gegeben. Aus Gl. 18 ergibt sich für die Brennweite:

$$\frac{1}{f} = \left(\frac{3}{2} - 1\right) \cdot \left(\frac{1}{60} + \frac{1}{60}\right); \quad f = 60^{cm}.$$

In diesem Falle wird also die Brennweite gleich dem Krümmungsradius. Kugelmittelpunkt und Brennpunkt fallen zusammen. Für eine Plankonvexlinse aus demselben Material ergibt sich mit $r_1 = 60$, $r_2 = \infty$:

$$\frac{1}{f} = \left(\frac{3}{2} - 1\right) \cdot \left(\frac{1}{60} + \frac{1}{\infty}\right); \quad f = 120^{cm}.$$

Wir betrachten die Bikonvexlinse von $f = 60^{cm}$ weiter und setzen in die so umgeformte Gl. 20^a:

$$b = \frac{f \cdot g}{g - f} \quad \ldots\ldots \quad Gl.\ 20^b$$

folgende Werte von g ein:

[1]) In manchen Lehrbüchern, z. B. in dem von Müller-Pouillet, wird von einer andern Anschauungsweise ausgegangen. Daher weist dort die der Gl. 18 entsprechende Gleichung eine andere Form auf.

1. $g = \infty$; $b = f = 60^{cm}$. (Dieses Resultat geht besser aus Gl. 20ᵃ selbst hervor.) In Fig. 46 ist der gebrochene Weg eines achsenparallelen Strahles nach dem im § 3 angegebenen Verfahren (Fig. 31) zeichnerisch ermittelt. Bei diesem Verfahren ist natürlich die Linsendicke berücksichtigt (s. auch Fall 5 Fig. 48).

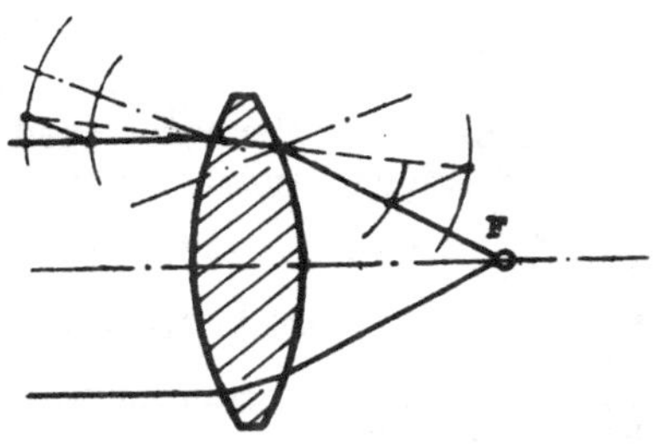

Fig. 46.

2. $g = 300^{cm}$; $b = \frac{60 \cdot 300}{300 - 60} = 75^{cm}$. Zur zeichnerischen Ermittelung des Bildes nach Lage und Größe bedient man sich allgemein des folgenden Verfahrens (Fig. 47): ein achsenparalleler Strahl GN geht nach der Brechung durch den Brennpunkt F auf der entgegengesetzten Linsenseite hindurch. Ein zweiter Strahl nach dem Linsenmittelpunkte (ein Hauptstrahl) durchschreitet annähernd planparallele Teile der Kugelfläche, erleidet also keine Brechung; die seitliche Verschiebung ist

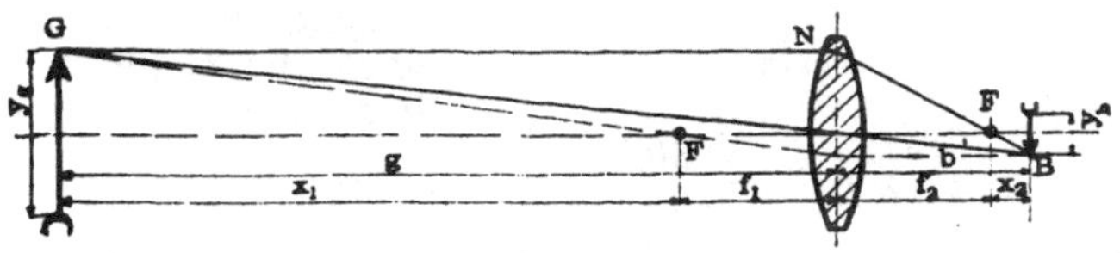

Fig. 47.

für dünne Linsen bedeutungslos (s. § 2). Nach dem Abbildungsgesetz (Kap. III § 1) entsteht in dem Schnittpunkt B ein Bild des Gegenstandes G. Wir machen hier die zwar nur annähernd zutreffende Annahme, daß auch alle andern Strahlen, die von G ausgehen, sich in B schneiden (s. unten Abbildungsfehler!). Führen wir die Konstruktion für weitere Punkte des Gegenstandes durch, so ergibt sich ein umgekehrtes verkleinertes reelles Bild des Gegenstandes. Das Größenverhältnis von Bild und Gegenstand ergibt sich aus Fig. 47 (ähnliche Dreiecke):

$$\frac{y_b}{y_g} = \frac{b}{g} = \frac{75}{300} = \frac{1}{4}.$$

3. $g = 120^{cm}$, $b = \frac{60 \cdot 120}{120 - 60} = 120^{cm}$. Es entsteht ein umgekehrtes verkleinertes reelles Bild im Abstand des Gegenstandes auf der andern Seite und von gleicher Größe.

4. $g = 75^{cm}$, $b = 300^{cm}$ Umkehrung des Falles 2. Das Bild ist reell, umgekehrt und vergrößert. $\frac{y_b}{y_g} = 4$ (Fig. 47, in der g und b zu vertauschen sind; der Weg des Parallelstrahls ist gestrichelt).

5. $g = 60$, Gegenstand in der Brennebene. $b = \infty$. Umkehrung des Falles 1. In Fig. 48 sind mehrere Bündel paralleler Strahlen gezeichnet, um den Begriff der Brennebene anschaulich zu machen. Das in unendlicher Entfernung entstehende Bild würde unendlich groß sein. Aus dieser Figur wird es verständlich, daß (Fall 1) z. B. von der Sonne ein reelles umgekehrtes Sonnenbildchen von endlicher Größe in der Brennebene entsteht.

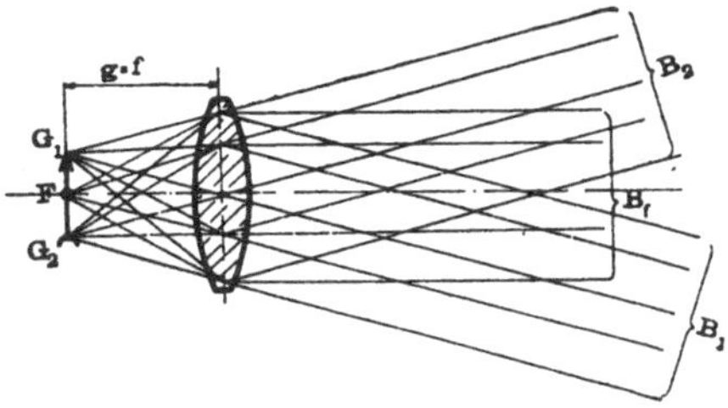

Fig. 48.

6. $g = 40^{cm}$, $b = \frac{60 \cdot 40}{40 - 60} = -120$. Das negative Vorzeichen lehrt, daß das Bild auf derselben Seite der Linse liegt, wie der Gegenstand, die Konstruktion eines Parallelstrahls und eines Mittelpunktstrahls Fig. 49 ergibt ein virtuelles aufrechtes vergrößertes Bild B des Gegenstandes G. Um die rechnerisch ermittelte Lage des subjektiven Bildes durch den Versuch nachzuprüfen, bedienen wir uns wieder des für Hohlspiegel angegebenen Verfahrens (Kap. III § 3 Fall 6). Die Vergrößerung ergibt sich aus der Fig. 49:

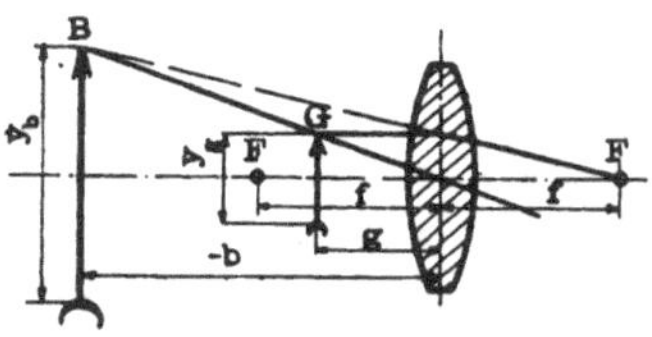

Fig. 49.

$$V = \frac{y_b}{y_g} = \frac{b}{g} = \frac{120}{40} = 3.$$

7. $g = 20,\ b = \frac{20 \cdot 60}{20 - 60} = -30. \quad V = \frac{30}{20} = 1{,}5.$

8. $g = 0,\ b = 0.$ Gegenstand und Bild fallen mit der Linse zusammen. Wir wollen ferner eine Bikonkavlinse mit $r_1 = r_2 = -60^{cm}$ betrachten. Für $n = \frac{3}{2}$ ergibt Gl. 18:

$$\frac{1}{f} = \left(\frac{3}{2} - 1\right) \cdot \left(-\frac{1}{60} - \frac{1}{60}\right);$$

$f = -60^{cm}$ Zerstreuungsweite.

Gl. 20^b: $b = \frac{f \cdot g}{g - f}$ läßt erkennen, daß wegen des negativen f die Bildweite b stets negative Werte annehmen muß; Zerstreuungslinsen erzeugen also stets nur virtuelle Bilder. Zahlenbeispiele:

1. $g = 300^{cm},\ b = -\frac{60 \cdot 300}{300 + 60} = -50^{cm};\ V = \frac{y_b}{y_g} = \frac{50}{300} = \frac{1}{6}.$

Konstruktion s. Fig. 50.

2. $g = 120^{cm},\ b = -\frac{60 \cdot 120}{120 + 60} = -40^{cm};\ V = \frac{40}{120} = \frac{1}{3}.$

3. $g = 60^{cm},\ b = -\frac{60 \cdot 60}{60 + 60} = -30^{cm};\ V = \frac{30}{60} = \frac{1}{2}.$

4. $g = 20^{cm},\ b = -\frac{60 \cdot 20}{20 + 60} = -15^{cm};\ V = \frac{15}{20} = \frac{3}{4}.$

5. $g = 0,\ b = 0;$ Gegenstand und Bild fallen an der Linse zusammen.

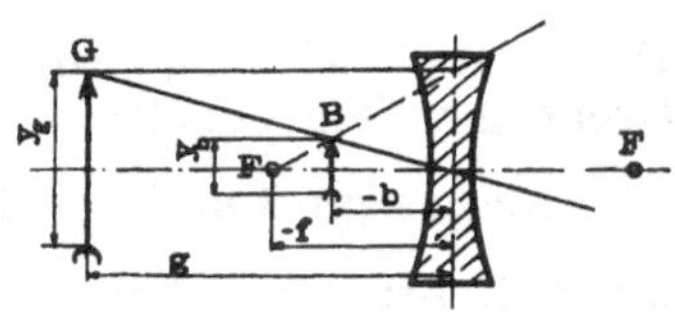

Fig. 50.

Alle vorstehend gegebenen Zahlenbeispiele lassen sich zu folgendem Resultat zusammenfassen:

Dünne Sammellinsen entwerfen von Gegenständen außerhalb der einfachen Brennweite reelle umgekehrte Bilder. Diese sind größer als der Gegenstand, wenn $g < 2 \cdot f$ ist, kleiner, wenn $g > 2 \cdot f$ ist, beide sind gleich groß, wenn $g = b = 2 \cdot f$ ist. Von Gegenständen innerhalb der einfachen Brennweite entwerfen die Sammellinsen virtuelle aufrechte vergrößerte Bilder.

Zerstreuungslinsen erzeugen nur virtuelle aufrechte verkleinerte Bilder.

Die Brennweite f eines aus zwei unendlich dünnen Linsen 1 und 2 mit den Brennweiten f_1 und f_2 zusammengesetzten **Linsensystems** ergibt sich an Hand der Fig. 51. Es sei d der Abstand zwischen den beiden Linsen. Durch die Linse 1 allein würde ein achsenparalleles Strahlenbündel im Brennpunkt F_1 vereinigt werden. Den Abstand: $f_1 - d$ können wir nun als negativ zu setzende Gegenstandsweite g_2 für die Linse 2 auffassen. Die zugehörige Bildweite b_2 ist dann, da in ihrem Abstande von der Linse 2 ein ursprünglich achsenparalleles Strahlenbündel einen Brennpunkt findet, die Brennweite f des Gesamtsystems. Somit ergibt sich aus Gl. 20ª für die Linse 2:

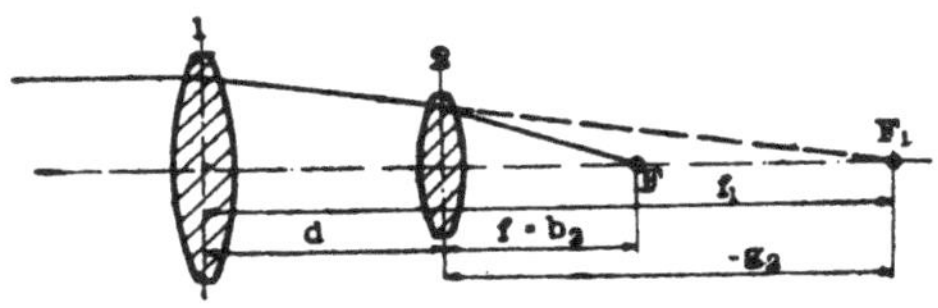

Fig. 51.

$$\frac{1}{f_2} = -\frac{1}{f_1 - d} + \frac{1}{f} \quad \text{oder:}$$

$$\frac{1}{f} = \frac{1}{f_1 - d} + \frac{1}{f_2} \quad \ldots\ldots\ldots\ldots \quad Gl.\ 21.$$

Nähern wir die beiden Linsen einander bis zur Berührung, so wird $d = 0$ und Gl. 21 geht über in:

$$\frac{1}{f} = \frac{1}{f_1} + \frac{1}{f_2} \quad \ldots\ldots\ldots\ldots \quad Gl.\ 22.$$

Die letzte Gleichung wird unten zur Berechnung der Zerstreuungsweiten benutzt.

Den reziproken Wert der Brennweite: $\frac{1}{f}$ nennt man auch: **Brechkraft**. Als Einheit der Brechkraft gilt die **Dioptrie**, d. i. die Brechkraft einer Linse von 1^m Brennweite. Linsen von 2, 3 und 4^m Brennweite haben also $^1/_2$, $^1/_3$ und $^1/_4$ Dioptrieen, eine Linse von $0{,}15^m$ Brennweite hat $\frac{1}{0{,}15} = 6\,^2/_3$ Dioptrieen. Früher pflegte man die Brennweiten der (bikonvexen bzw. bikonkaven) Brillengläser bzw. den jenen gleichen Krümmungsradius (s. die Beispiele oben) in englischen Zollen anzugeben. Nennen wir diese ältere Zollangabe N, die entsprechende Dioptrieangabe D, so wird mit $1'' = 0{,}025^m$ $D^{1/m} = \frac{1}{N'' \cdot 0{,}025^{m/_{''}}}$ also $D \cdot N = 40$, d. h. das Produkt aus alter und neuer Brillennummer ist stets: 40.

Die **Brennweiten** von Sammellinsen lassen sich auf verschiedene Weise experimentell ermitteln. Einfach aber wenig genau findet man f als Abstand eines Sonnenbildchens von der Linse. Hat man mit Hilfe einer optischen Bank (Fig. 12) zusammengehörige Werte von g und b ermittelt, so läßt sich daraus f aus Gl. 20ª berechnen. Der Abstand zwischen zwei Punkten, in denen die Bildgröße gleich der Gegenstandsgröße ist, beträgt $4 \cdot f$ (Fall 3 der Bikonvexlinse). Durch Aufsuchen dieses Abstandes können wir also f ermitteln. Mit den aus Fig. 47 ersichtlichen Bezeichnungen können wir Gl. 20ª nach entsprechender Umformung auch schreiben:

$$\frac{y_g}{y_b} = \frac{x_1}{f_1} = \frac{f_2}{x_2} \quad \ldots\ldots\ldots \quad \text{Gl. 23.}$$

Also ist:

Für $y_g = y_b$ .... $x_1 = f$,
„ $y_g = 2y_b$ .... $x_1 = 2f$,
„ $y_g = 3y_b$ .... $x_1 = 3f$ usw.

d. h. die Brennweite ist gleich dem Abstand zweier Bildebenen, in denen sich die Vergrößerung verhält wie 1 : 2 oder wie 2 : 3 usw. Der weitere Ausbau dieser Methode wird in dem **Fokometer** von **Abbe** zur Messung sehr kleiner Brennweiten, z. B. der Mikroskopobjektive, benutzt.

Die Zerstreuungsweite der Konkavlinsen läßt sich am besten unter Benutzung der Gl. 22 bestimmen: Auf die zu untersuchende Zerstreuungslinse legt man eine Sammellinse, deren bekannte Brennweite f_1 dem absoluten Werte nach kleiner ist als die vermutliche Zerstreuungsweite. Die Gesamtbrennweite f wird dann ebenso bestimmt, wie für Sammellinsen angegeben. Die gesuchte Zerstreuungsweite f_2 ergibt sich dann aus Gl. 22:

$$f_2 = \frac{f \cdot f_1}{f_1 - f}.$$

Beispiel:

Es sei $f_1 = 15^{cm}$, $f = 20^{cm}$, dann wird $f_2 = -60^{cm}$.

Legen wir eine Sammellinse und eine Zerstreuungslinse von gleichem numerischem Wert der Brennweite bzw. Zerstreuungsweite aufeinander, so wird gemäß Gl. 22: $\frac{1}{f} = 0$, also $f = \infty$, d. h. die beiden Linsen zusammen wirken wie eine planparallele Glasplatte. Dieses Umstandes bedienen sich die Optiker zur Ermittelung der Brennweite bzw. Zerstreuungsweite von Brillengläsern, indem sie diese mit Gegenlinsen von bekannten Eigenschaften probeweise zusammenlegen: Das virtuelle Bild einer Sammellinse erscheint weiter entfernt als der Gegenstand (Fig. 49), wandert daher bei seitlicher Bewegung des Gegenstandes scheinbar in entgegengesetzter Richtung; bei der Zerstreuungslinse ist das Gegenteil der Fall (Fig. 50). Bei Durchsicht durch eine planparallele Glasplatte oder eine gleichwertige Linsenkombination liegen Bild und Gegenstand nahezu in gleichem Abstande vom Auge; daher wandert hier das Bild bei Bewegung des Gegenstandes nicht anders als dieser.

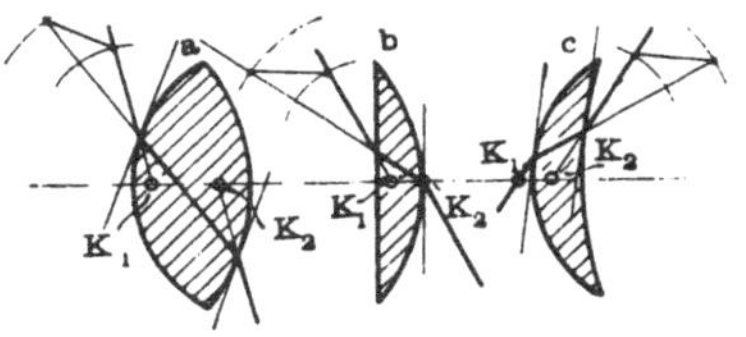

Fig. 52

Haben wir es statt mit einer der bisher betrachteten ideellen Linsen mit einer wirklichen dicken Linse zu tun, so bleibt die Gültigkeit der Gl. 18—20 bestehen, wenn wir f, b und g nicht von den Linsenscheiteln S (Fig. 45), sondern von den sog. Hauptpunkten der Linse aus messen. Auf die genaue Definition der Hauptpunkte brauchen wir hier nicht näher einzugehen, da sie bei den einfachen Linsen mit den sog. Knotenpunkten zusammenfallen, deren Definition sich in einfacherer Weise geben läßt: Knotenpunkte sind die Achsenschnittpunkte solcher Strahlen, die hinter der Linse parallel zur Richtung vor der Linse verlaufen. In Fig. 52^{a-c} sind die Knotenpunkte für verschiedene Linsenformen ermittelt: In beliebiger Richtung legen wir zwei parallele Tangentialebenen an die Linse. Ein Lichtstrahl, der die Berührungspunkte dieser Ebenen verbindet, wird auf seinen Wegen außerhalb der Linse nach dem in Fig. 52 gegebenen Verfahren verfolgt ($n = 3/2$). Die Verlängerungen dieser Wege schneiden die Linsenachse in den Knotenpunkten K_1 und K_2. K_1 gehört zur linken, K_2 zur rechten Linsenfläche. Eine unendlich dünne Linse kann man so auffassen, als wenn hier die Knotenpunkte bzw. die Hauptpunkte mit den beiden Linsenscheiteln in einem Punkte zusammenfielen. Daraus ergibt sich folgende Regel: Hat man eine der oben beschriebenen Konstruktionen für eine ideelle Linse ausgeführt, z. B. zu einer gegebenen Gegenstandsweite die zugehörige Bildweite gefunden, so verschiebt man die gebrochenen Strahlen und die Bilder um eine Strecke parallel zur Achse, die gleich dem Abstand der beiden Knotenpunkte bzw. Hauptpunkte voneinander ist. In Fig. 53 ist diese Verschiebung angedeutet. Die ideelle Linse ist mit der Ebene durch den linken Linsenscheitel zusammenfallend gedacht.

Die Hauptpunkte fallen nur mit den Knotenpunkten zusammen und das angegebene Verfahren gilt nur so lange, als die Brechungsquotienten auf den beiden Seiten der Linse gleich groß sind, also nicht für eine (im Kap. V § 2 behandelte) achromatische Linse, die aus mehreren Linsen von verschiedenen Brechungsquotienten zusammengesetzt ist. Die in diesem Falle anzuwendende Rechnung kann hier nicht gegeben werden. Siehe darüber: Müller-Pouillet, Lehrbuch der Physik, Band II, Vieweg, Braunschweig.

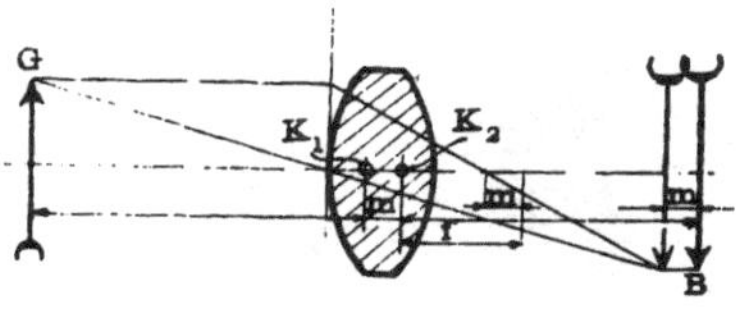

Fig. 53.

Abbildungsfehler. Die bei der oben gegebenen Ableitung der Linsengesetze und der geometrischen Konstruktion gemachten Annahmen waren nur annähernd richtig. Bei der wirklichen Abbildung durch Linsen entstehen Fehler und diese Fehler und die Möglichkeiten ihrer Vermeidung sollen hier noch kurz behandelt werden.

1. Sphärische Aberration. Haben wir es anstatt mit Nullstrahlen (in unmittelbarer Nähe der Linsenachse) mit weitgeöffneten Strahlenbüscheln zu tun, so erhalten wir von einem solchen, beispielsweise achsenparallel einfallenden Strahlenbüschel keinen Brennpunkt, sondern eine Brennfläche, die als Hüllfläche der verschiedenen gebrochenen Strahlen entsteht, die sogenannte Diakaustika Fig. 54. Der Brennpunkt der Randstrahlen einer Sammellinse liegt also näher an der Linse als der der Nullstrahlen. Durch die Randstrahlen wird z. B. ein unendlich ferner Achsenpunkt als kleiner Kreis in der

Brennebene der Nullstrahlen abgebildet. Die Verringerung dieser Erscheinung, der sphärischen Aberration auf der Linsenachse, läßt sich durch folgende Mittel erreichen: Man blendet die Randstrahlen ab, so daß nunmehr noch Nullstrahlen wirksam sind. Diese Maßnahme findet ihre Grenze einerseits durch die bei kleinen Oeffnungen auftretenden Beugungserscheinungen (s. Kap. VII § 4), andererseits durch die z. B. bei den Objektiven der Fernrohre, Mikroskope und photographischen Apparate auftretende Forderung, daß die Lichtstärke nicht zu sehr geschwächt wird. Hier müssen daher andere Mittel zur Vermeidung der sphärischen Aberration gefunden werden. Sie ist für eine gegebene unsymmetrische Linse am kleinsten, wenn die Seite mit dem kleineren Krümmungsradius dem abzubildenden Gegenstand zugekehrt ist. Indem man die einfache Linse durch ein System mehrerer Linsen von gleicher Gesamtbrennweite ersetzt, kann man die sphärische Aberration wesentlich verringern.

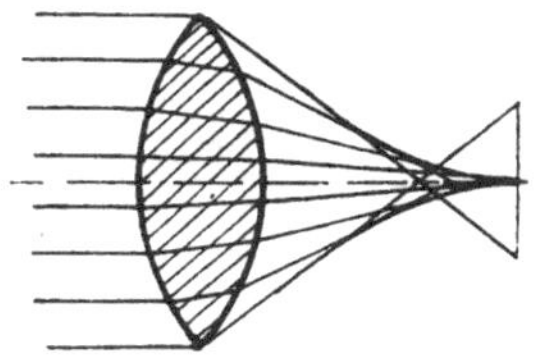

Fig. 54.

Es kann nun ein solches System frei von sphärischer Aberration eines Achsenpunktes sein und doch der Bedingung nicht genügen, daß auch Punkte außerhalb der Achse scharf abgebildet werden, daß also eine zur Achse senkrechte Ebene wieder als Ebene abgebildet werde. Ist diese Bedingung nicht erfüllt, so werden Punkte als zur Achse radial verlaufende verwaschene Linien abgebildet. Diese Erscheinung heißt Coma. Die genannten Fehler lassen sich wenigstens für einzelne konjugierte Objekt- und Bildebenen vermeiden, wenn für die Achsenpunkte der betreffenden Ebenen die Beziehung gilt (Fig. 45): $\sin u_1 : \sin u_2 = \text{konst.}$ Die betreffenden Achsenpunkte heißen aplanatische Punkte. Der „Sinusbedingung“ müssen vor allem die Objektive der Mikroskope genügen.

2. Astigmatismus. Ein weiterer Abbildungsfehler, der sich auch durch Anwendung enger Blenden, also Beschränkung auf enge Büschel nicht beseitigen läßt, wird als Astigmatismus bezeichnet. Ein durch eine schräg zur Linsenachse durch den Scheitel gelegte Ebene erzeugter Linsenschnitt weist kleinere Krümmungsradien auf, als ein Schnitt, der die Linsenachse in sich enthält. Die in einer solchen schrägen Ebene verlaufenden

Parallelstrahlen vereinigen sich also in einem Brennpunkt, der der Linse näher liegt, als der Brennpunkt in einer Achsenebene (Gl. 19). Für ein schräg zur Linsenachse einfallendes Strahlenbündel werden also ähnliche Bedingungen herrschen, wie für achsenparallele Strahlen in einer etwa eiförmigen Linse mit unsymmetrischen Krümmungen. Für den letzteren Fall (Linse in Form eines längsgeschnittenen halben Eies) zeigt Fig. 55 den Strahlengang und läßt erkennen, daß hier anstatt eines Brennpunktes zwei senkrecht zueinander stehende Brennlinien $F_1 F_1$ und $F_2 F_2$ in ungleichem Abstande von der Linse entstehen. In anderen Ebenen gehen die Brennlinien in Ellipsen über, wie aus Fig. 55 zu erkennen ist. Die

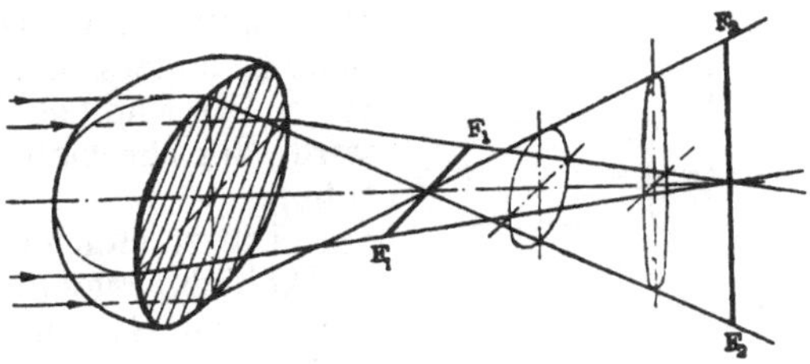

Fig. 55.

Erscheinung des Astigmatismus läßt sich mit Hilfe einer Sammellinse zeigen, durch die man Sonnenstrahlen schräg gegen die Linsenachse hindurch fallen läßt. Auf einem Papierschirm können wir dann die aus Fig. 55 ersichtlichen Brennlinien und Ellipsen auffangen. Die Beseitigung des Astigmatismus, der für manche Zwecke sehr störend wirken würde (z. B. bei den photographischen Objektiven, da die entstehenden Bilder nach dem Rande zu unscharf werden), gelingt durch richtige Wahl der Linsenkrümmungen auf Grund einer eingehenden Rechnung, die hier nicht gegeben werden kann.

3. Bildwölbung. Bei Verwendung nur einer Glassorte gelingt es auch auf Grund der letzterwähnten Rechnung nur, von einem ebenen Gegenstand ein gewölbtes scharfes Bild zu erzeugen. Erst als Abbe und Schott in Jena neue Glassorten von besonderen optischen Eigenschaften gefunden hatten (s. Kap. V § 1), gelang es durch Kombination mehrerer Linsen aus verschiedenem Glase, Astigmatismus und Bildwölbung gleich-

zeitig zu beseitigen. Die Bildebnung gelingt, wenn die „Tangentenbedingung“ erfüllt ist (s. Fig. 45): tang u_1 : tang u_2 = konst. Die so korrigierten Linsensysteme nennt man anastigmatisch.

4. Verzerrung. Die Erscheinung, daß ein abzubildendes Quadrat (Fig. 56[a]) nicht wieder als Quadrat, sondern tonnenförmig (b) oder kissenförmig (c) erscheint, heißt Verzerrung oder Distorsion. Sie ist für manche Zwecke, z. B. photographische Architekturaufnahmen unzulässig. Man vermeidet die Verzerrung durch richtige Anordnung von Blenden und durch Anwendung von am besten symmetrischen Doppellinsen, zwischen denen eine Blende liegt.

5. Chromatische Aberration. Durch Kombination mehrerer Linsen aus verschiedenem Glase gelingt auch die Beseitigung eines weiteren Abbildungsfehlers, der im § 2 des folgenden Kapitels besprochen wird: der chromatischen Aberration.

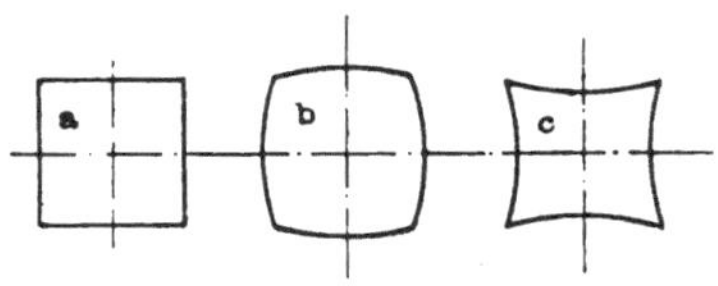

Fig. 56 a—c.

Die vorstehend aufgezählten Abbildungsfehler lassen sich bei einem System nicht alle gleichzeitig beseitigen. Die in den optischen Instrumenten verwendeten Linsensysteme gestatten aber stets, auf die Korrektion eines Fehlers zugunsten der eines andern zu verzichten. Bei Besprechung der optischen Instrumente (Kap. IX) wird darauf näher eingegangen. Im allgemeinen gilt die Regel, daß die verschiedenen Korrektionen um so besser gelingen, je mehr Krümmungsradien gewählt werden können. Nachteile mehrfach zusammengesetzter Linsensysteme sind aber die durch größere Absorption verursachte Verringerung der Lichtstärke und die durch Spiegelung an den Linsenflächen hervorgerufenen Störungen. Unter diesen Gesichtspunkten verdient dasjenige System den Vorzug, das aus der geringsten Anzahl von Einzellinsen zusammengesetzt ist.

V. Kapitel.

Dispersion. Farbenlehre. Spektralanalyse.

§ 1. Dispersion und Brechung. Schon im Kapitel IV § 3 wurde darauf hingewiesen, daß ein weißer Lichtstrahl, der durch ein Prisma geleitet wird, nicht nur aus seiner ursprünglichen Richtung abgelenkt wird, sondern daß er außerdem in farbige Bestandteile zerlegt wird. Um diese Erscheinung, die Dispersion, näher zu studieren, erzeugen wir mittels eines Linsensystems auf einem weißen Schirm ein reelles Bild eines mit weißem Licht beleuchteten geradlinigen Spaltes. Halten wir dann ein Prisma so in den Weg der Lichtstrahlen, daß die brechende Kante dem Spalt parallel liegt, so entsteht in der aus Fig. 57 zu ersehenden Richtung eine große Anzahl von farbigen Spaltbildern nebeneinander, die ineinander übergehen. Wir erhalten ein Spektrum. Dieses Spektrum hat das Aussehen der Zeile 1 der Spektraltafel am Schluß des Buches [1]), nur müssen wir uns hier die mit A, B, C usw. bezeichneten schwarzen, sog. Fraunhoferschen Linien weg denken (s. § 4).

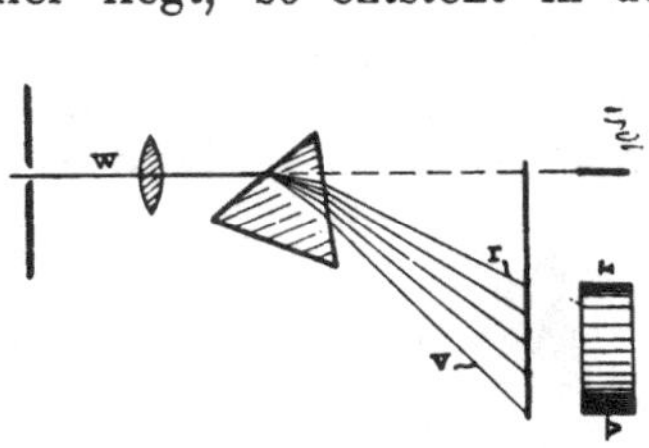

Fig. 57.

Fig. 57 deutet an, daß die roten Strahlen am wenigsten, die violetten am meisten abgelenkt werden. Wir erkennen, daß das weiße Licht aus einer großen Anzahl farbiger Bestandteile besteht, denen verschiedene Brechungsquotienten zukommen. Die Bedeutung dieser Erscheinung vom Standpunkt der Wellentheorie aus wird im Kap. VII § 4 näher erklärt. Hier soll nur kurz angedeutet werden, daß die einzelnen Farben des Lichts

[1]) Die Spektraltafel ist Meyers kleinem Konversationslexikon, Leipzig, Bibliographisches Institut, entnommen.

durch verschiedene Wellenlängen und Schwingungszahlen der Aetherwellen bedingt werden. Die Zahlen in der Spektraltafel geben die Wellenlängen in $1/100\,000^{mm}$ an.

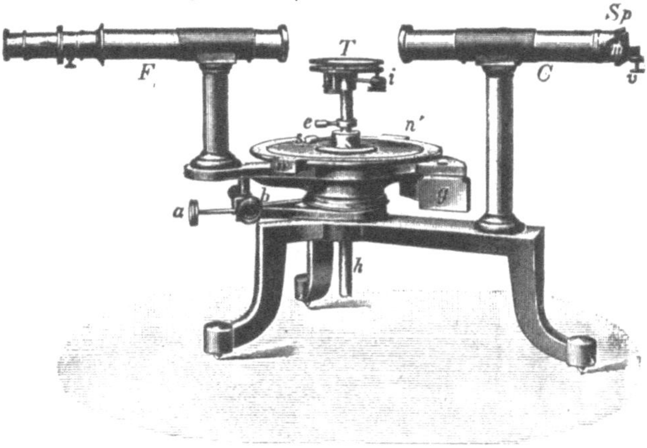

Fig. 58 a.

Die Ermittelung der Brechungsquotienten der einzelnen Farben ist für die Kenntnis der verschiedenen Glassorten von großer Bedeutung. Zu dieser Ermittelung bedient man sich unter anderen Methoden der Methode von Fraunhofer (Kap. IV § 3) und zwar mittels des Spektrometers Fig. 58[a, b 1]). Ein Prisma aus dem zu untersuchenden Glase wird mit senkrecht stehender brechender Kante auf den Tisch T in der Mitte des Instrumentes gestellt, das ebenso wie das Fernrohr F auf einem sehr genau eingeteilten Teilkreis drehbar ist. Der feststehende Kollimator C

Fig. 58 b.

trägt den verstellbaren Spalt Sp, der mit weißem Licht oder mittels besonders gefärbter Flammen beleuchtet wird. Der Strahlengang ist aus Fig. 59 zu erkennen: Der Spalt Sp befindet sich in der Brennebene der Linse M. Die von Sp ausgehenden Strahlen werden also parallel gerichtet, so als läge S

[1]) Ausführung von R. Fueß, Steglitz.

unendlich weit entfernt. Nach dem Durchgang durch das Prisma, in dem die Zerlegung in die farbigen Bestandteile vor sich geht, durchschreiten die Strahlen die Linse N, in deren Brennebene ein reelles, aber zu einem Spektrum auseinandergezogenes Bild des Spaltes entsteht, das durch das Fadenkreuzokular O (siehe Kap. IX § 2 und 3) betrachtet wird. Mittels des herausklappbaren totalreflektierenden Vergleichsprismas v (s. auch Fig. 58[b]) kann man den unteren Teil des Spaltes mit dem von einer zweiten Lichtquelle L_2 ausgehenden Licht beleuchten. Man kann so die Farben verschiedener Lichtquellen miteinander vergleichen. Die Messung des brechenden Winkels α (Gl. 15) gelingt mit Hilfe der Reflexion an den brechenden Flächen. Fällt ein Lichtstrahl aus dem Kollimator auf die brechende Kante (Fig. 60), so wird er von den beiden anstoßenden Flächen nach

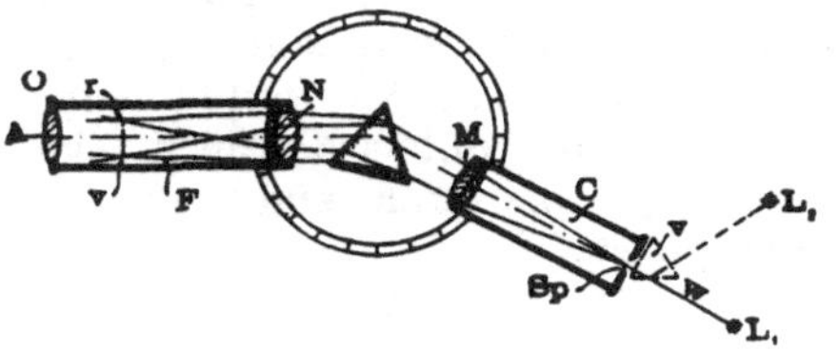

Fig. 59.

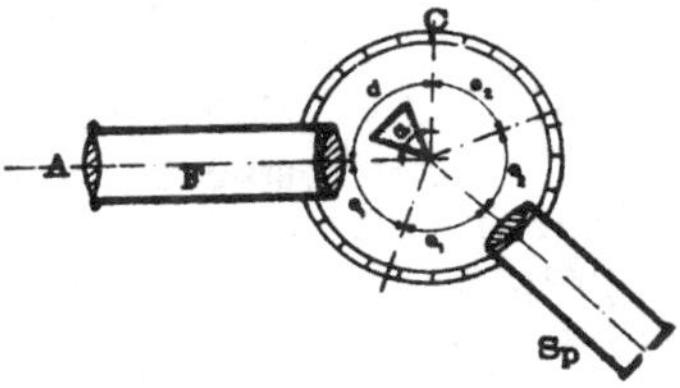

Fig. 60.

A und C reflektiert. Der Winkel d wird nun auf dem Teilkreis des Spektrometers gemessen, indem man das Fernrohr F nacheinander so einstellt, daß die Bilder des Spaltes Sp mit dem Schnittpunkt eines schräg liegenden Fadenkreuzes in der Fernrohrlupe zusammenfallen. Dann ist nach Kap. III § 2:

$$d + 2 \cdot (e_1 + e_2) = 360^0, \text{ aber auch:}$$

$$d = \alpha + (90 - e_1) + (90 - e_2)$$ daraus, wenn wir $e_1 + e_2$ eliminieren: $\alpha = d/2$.

Die Brechungsquotienten werden nun stets für bestimmte Fraunhofersche Linien angegeben, deren Lage im Spektrum festliegt (s. Spektraltafel und § 4). Die eigentlichen spektrometrischen Messungen, d. h. die Ermittelung der Winkel δ (Fig. 35) für die betreffenden Linien werden daher mittels künstlich gefärbter Flammen vorgenommen, die an Stelle der Fraunhoferschen Linien charakteristische Lichtlinien zeigen. Ist das Fadenkreuz des Fernrohres auf eine solche Linie im Spektrum eingestellt, so liest man den Ablenkungswinkel δ auf dem Teilkreis ab, Gl. 15 ergibt dann den gesuchten Brechungsquotienten n.

Die Brechungsquotienten der Flüssigkeiten und Gase werden ermittelt, indem man sie in prismatische Flaschen mit eben geschliffenen Wänden hineinbringt, bei speziellen Anwendungsgebieten auch mittels besonders konstruierter Instrumente, der Refraktometer und Totalreflektometer.

In der unten folgenden Tabelle sind die Brechungsquotienten für einige optisch wichtige Substanzen angegeben.

Die Differenz zwischen den Brechungsindices der roten und der violetten Strahlen nennt man die totale Dispersion; je größer sie ist, ein desto längeres Spektrum erhält man bei bestimmter Form des Prismas. Ein Flintglasprisma S. 57 ergibt ein etwa siebenmal so langes Spektrum, als ein Crownglasprisma O. 225 von gleichem brechenden Winkel. Die Differenzen $n_D - n_A$ usw. nennt man die partiellen Dispersionen für die betreffenden Intervalle, $n_F - n_C$ die mittlere partielle Dispersion. Auch die partiellen Dispersionen sind für die verschiedenen Substanzen ungleich, d. h. wenn wir (durch Wahl des Schirmabstandes von den Prismen) mittels Prismen aus verschiedenem Material gleich lange Spektren erzeugen, so pflegen sich diese nicht auf der ganzen Länge zu überdecken. Im glastechnischen Laboratorium zu Jena wurden von Abbe und Schott neuere Gläser herausgefunden, die nahezu gleichen „Gang" der Dispersion zeigen; in deren gleich langen Spektren sich nun die Fraunhoferschen Linien decken. Diese Tatsache ist für die im folgenden Paragraphen angegebenen Verwendungen verschiedener Glassorten von größter Bedeutung.

Das Verhältnis der mittleren Dispersion $n_F - n_C$ zur Differenz $n_D - 1$ heißt: relative Dispersion. Ihr reziproker Wert, also der Ausdruck: $\frac{n_D - 1}{n_F - n_C} = \nu$ ist in der folgenden Tabelle angegeben.. Die Fabriknummern gelten für Jenaer Gläser.

Benennung und Fabrikzeichen	n_A	n_C	n_D	n_F	n_G	ν
Leichtes Phosphat Crown O. 225	1,51115	1,5147	1,5159	1,5211	1,5251	70,0
Boratflint . . . . . S. 35	1,5438	1,5462	1,5503	1,5573	1,5629	55,2
Schwerstes Silikatflint S. 57	1,9349	1,9493	1,9626	1,9981	2,0306	19,7
Flußspat			1,4439			96,1
Diamant			2,4173			56,5
Steinsalz			1,5440			42,9
Wasser			1,3330			55,5
Schwefelkohlenstoff			1,6303			18,3

§ 2. Achromatische Prismen und Linsen. Geradsichtsprismen. Legen wir zwei Prismen von gleichem Material und gleichem brechenden Winkel so hintereinander, wie Fig. 61 andeutet, so summieren sich ihre Dispersionen; das Spektrum wird weiter auseinander gezogen, ohne daß etwa neue Farben auftreten würden. Manche Spektrometer benutzen zur Erzielung längerer Spektren eine solche Kombination mehrerer Prismen.

Wenn wir dagegen die Prismen so aufeinander legen, wie Fig. 62 zeigt, so werden durch das zweite Prisma die durch das erste zerstreuten Strahlen wieder parallel gerichtet, so daß sie, zusammenwirkend, wieder weiß erscheinen. Wir erhalten den Fall der planparallelen Platte (Kap. IV § 2 Fig. 33). Ersetzen wir nun das Prisma 2 Fig. 62 durch ein anderes, das größere Dispersion, aber geringere mittlere Ablenkung aufweist

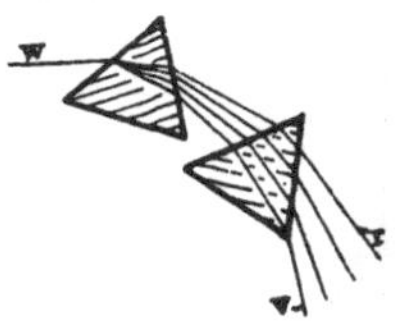

Fig. 61.

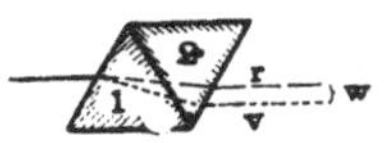

Fig. 62.

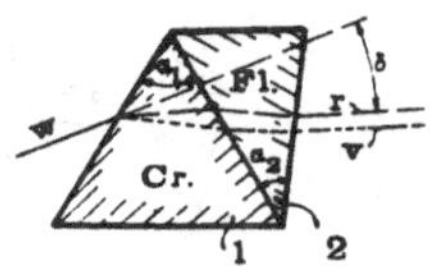

Fig. 63.

als das Prisma 1, so gelingt es bei richtiger Wahl der brechenden Winkel α_1 und α_2 Fig. 63 die Farbenzerstreuung zu beseitigen, während eine resultierende Ablenkung δ erhalten bleibt. Wir erhalten dann ein achromatisches Prisma. Ein Zahlenbeispiel (nach Müller-Pouillet) sei hier mit Bezug auf Fig. 63 gegeben:

	Jenaer Gläser	α_1	α_2	$\delta_{A'}$	$\delta_C = \delta_F$	δ_D	$\delta_{G'}$
1. 2.	O. 225 Phosphat-Crown S. 35 Borat-Flint . .	20°	14°48′	2°10′26″	2°10′27″	2°10′26″	2°10′19″

Diese Kombination gibt eine nahezu vollkommene Achromasie, da die verwendeten Gläser einen gleichmäßigen Gang der Dispersion haben.

Von größter Bedeutung ist die Kombination mehrerer Gläser zur Herstellung achromatischer Linsen. Eine gewöhnliche Linse zeigt den Fehler der chromatischen Aberration. Da die violetten Strahlen stärker gebrochen werden als die roten, so erhalten wir für die verschiedenen Farben verschiedene Brennweiten. Der Brennpunkt der violetten Strahlen liegt der Linse näher, als der der roten Strahlen (Fig. 64). Diese Erscheinung läßt sich zeigen, indem wir auf eine Linse ein Kartenblatt legen, in dem sich zwei kleine Löcher in gleichem Abstande von der Achse befinden. Eine weiße Lichtquelle jenseits der Linse läßt die Löcher je nach der Entfernung unseres Auges in verschiedenfarbigem Licht erscheinen. Ein mittels einer einfachen Linse erzeugtes Bild eines weißen Gegenstandes zeigt infolge der chromatischen Aberration farbige Konturen, was für manche Anwendungen der Linsen sehr störend sein würde.

Wenn wir eine Sammellinse aus Crownglas und eine Zerstreuungslinse aus Flintglas so aufeinander legen, wie Fig. 65 zeigt, so wird die resultierende Brennweite wenigstens für zwei

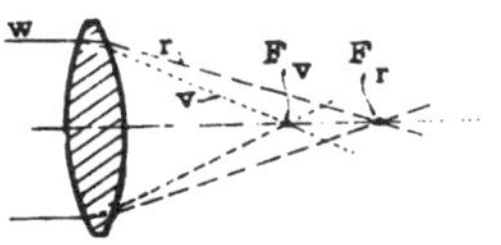

Fig. 64.

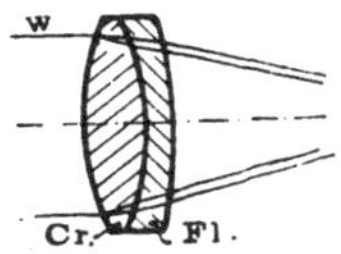

Fig. 65.

Farben des Spektrums gleich und das genügt bei richtiger Wahl dieser Farben (s. § 3), um das Auftreten chromatischer Abbildungsfehler zu vermeiden. Mit den neueren Jenaer Gläsern lassen sich Linsenkombinationen erzielen, die für drei Farben achromatisch sind. Das läßt sich auch mit Linsensystemen aus Flußspat erzielen, die aber teuer sind. Eine genauere Untersuchung zeigt, daß die Brennweiten der Einzellinsen den relativen Dispersionen der verwendeten Glassorten proportional sein müssen.

Eine andere Möglichkeit, die chromatische Aberration zu korrigieren, beruht auf der Verwendung zweier Linsen aus gleichem Material in richtigem Abstand voneinander. In Fig. 66 sind zunächst die beiden Bilder B_1r und B_1v des Gegenstandes G gezeichnet, die von den roten und den violetten Strahlen durch die Linse 1 (Brennweite f_1) erzeugt werden. Zwischen diesen Bildern liegen die Bilder sämtlicher anderen Farben. Die Linse 2 (Brennweite f_2) entwirft nun von diesen Bildern die zwischen B_2r und B_2v gelegenen farbigen virtuellen Bilder. Die von diesen ausgehenden Strahlen sind nun annähernd parallel gerichtet, d. h. sie gelangen unter demselben Gesichtswinkel in das Auge A und erzeugen so den Eindruck eines weißen Bildes.

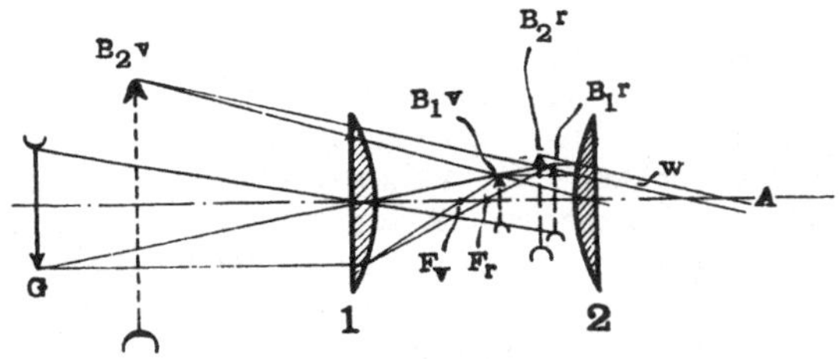

Fig. 66

Eine nähere Untersuchung zeigt, daß diese Bedingung erfüllt wird, wenn der Abstand der beiden Linsen ist:

$$d = \frac{f_1 + f_2}{2} \quad \text{Gl. 24.}$$

Die Okulare von Huyghens und Ramsden (Kap. IX §§ 2 u. 3) sind nach diesem Gesetz hergestellt.

Wählt man die brechenden Winkel eines Crownglas- und eines Flintglasprismas so, daß die Ablenkung der mittleren Strahlen für beide gleich groß ausfällt, so tritt für diese Strahlen bei einer Kombination nach Fig. 67 keine Ablenkung ein. Die Dispersion ist dagegen für das Flintglasprisma nun größer als für das Crownglasprisma, so daß eine restliche Dispersion übrig bleibt. Kombiniert man so eine größere Anzahl Prismen mit-

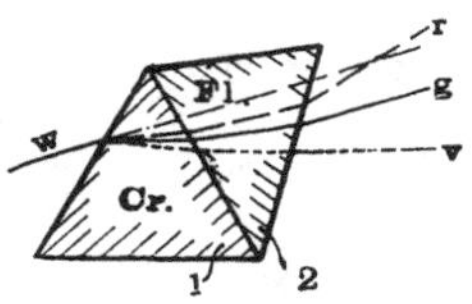

Fig. 67

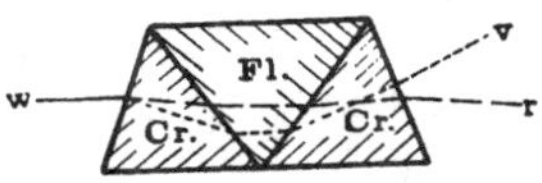

Fig. 68.

einander, etwa wie in Fig. 68 (Amicis Prisma), so erhält man sehr lange Spektren ohne Ablenkung der mittleren Strahlen. Eine Anwendung dieser geradsichtigen Prismenkombination zeigt das Taschenspektroskop Fig. 73. Beim Flüssigkeitsprisma von Wernicke sind zwei Crownglasprismen mit einem Prisma aus Zimtäthyläther zu einer geradsichtigen, sehr stark dispergierenden Kombination vereinigt. Seine Dispersion ist aber mit der Temperatur veränderlich.

§ 3. Farbenlehre. Durch die an Hand der Fig. 62 und 63 besprochene Möglichkeit, die farbigen Bestandteile des Spektrums wieder zu weißem Licht zu vereinigen, ist bewiesen, daß das, was unser Auge als weißes Licht empfindet, tatsächlich ein Gemisch von unzähligen Arten verschiedenfarbigen Lichts ist, oder besser gesagt, durch das Zusammenwirken von Aetherwellen von verschiedener Wellenlänge und Schwingungsdauer hervorgerufen wird. Wir können die Vereinigung der Spektralfarben statt durch ein zweites Prisma auch durch eine achromatische Linse bewirken Fig. 69. (Diese Linse muß so gestellt sein, daß sie die Vorderfläche des Prismas auf einem Schirm S

Fig. 69.

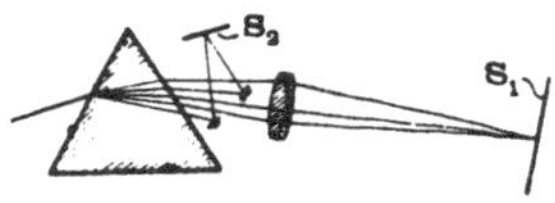

Fig. 70.

abbildet.) Fangen wir nun aus dem Farbenfächer einzelne Farben des Spektrums mittels streifenförmiger Blenden heraus, so ergibt die Mischung der übrigbleibenden Farben im allgemeinen nicht mehr Weiß, sondern es ergeben sich, wenn man (nach Helmholtz) die Spektralfarben unterscheidet: Rot, Orange, Goldgelb, Gelb, Grün, Zyanblau, Indigoblau und Violett, folgende Mischfarben:

Fehlt	Rot	im Spektrum, so ist die restierende Mischfarbe:	Grünl. Blau.
„	Goldgelb	„ „ „ „ „ „ „	Zyanblau.
„	Gelb	„ „ „ „ „ „ „	Indigoblau.
„	Grünl. Gelb	„ „ „ „ „ „ „	Violett.

Je zwei der hier gegenüber gestellten Farben, die also zusammenwirkend Weiß ergeben würden, heißen Komplementärfarben. Bringen wir mittels zweier entsprechend geneigter Spiegelstreifen (Fig. 70) zwei Komplementärfarben des Spektrums auf einem weißen Schirm S_2 zur Deckung, so ist hier die Mischfarbe wieder Weiß. Es zeigt sich also, daß durchaus nicht alle Farben des Spektrums nötig sind, um Weiß zu ergeben. Zu jeder homogenen (d. h. einfachen, nicht weiter zerlegbaren)

Farbe im ersten Teile des Spektrums findet sich eine ebenfalls homogene Komplementärfarbe im zweiten Teil. Nur das in der Mitte liegende Grün hat keine einfache Komplementärfarbe, sondern diese ist das aus Rot und Violett zusammengesetzte Purpur.

Lassen wir weißes Licht, ehe wir es zu einem Spektrum auseinanderziehen, durch farbige Glasscheiben hindurchgehen, so werden einzelne Farben des Spektrums durch die Glasscheiben absorbiert, d. h. die sichtbaren Aetherschwingungen werden hier in nicht sichtbare verwandelt; es findet eine Umwandlung in eine andere Energieform, meist in Wärme statt (s. Kap. VI).

Eine rote Glasscheibe absorbiert alles Licht außer Rot.
„ blaue „ „ Rot und Gelb.
„ grüne „ „ Rot.
„ gelbe „ „ Blau und Violett.
„ rote u. eine grüne Glasscheibe zusammenwirkend absorbieren alles Licht.
„ blaue u. eine gelbe „ „ lassen nur Grün hindurch.

Demgegenüber erhalten wir, wie oben angegeben, durch spektrale Mischung (d. h. durch gleichzeitige Wirkung auf die Netzhaut unseres Auges) roten und grünen Lichts oder auch blauen und gelben Lichts: Weiß.

Die Wirkung der Absorption ruft auch die Farben der Körper, die sogenannten Pigmentfarben hervor. Ein roter Körper, den wir durch das auf einem weißen Schirm erzeugte vollständige Spektrum hindurchführen, erscheint nur im roten Licht in seiner natürlichen Farbe; im Gelb wird er grau und im Grün vollständig schwarz. Eine Zeichnung Rot auf weißem Grunde ist im nur roten Licht nicht sichtbar, in allen andern Lichtarten erscheint sie grau bzw. schwarz auf dem Grunde der betreffenden Lichtfarbe. Ebenso wie Rot reflektieren auch alle anderen Pigmentfarben nur diejenigen Lichtarten, die sie nicht absorbieren. Man kann sich diese Wirkung der Absorption an der Oberfläche so vorstellen, daß das Licht erst bis zu einer gewissen Tiefe eindringen muß, ehe es diffus reflektiert wird. Auf dem Hin- und Rückwege tritt dann Absorption ebenso auf, wie in den farbigen Gläsern. Eine weiße Oberfläche absorbiert nur soviel Licht, daß wenigstens zwei Komplementärfarben übrig bleiben. Hier wird am wenigsten Energie in Wärme umgewandelt. Umgekehrt werden von einem schwarzen Körper alle Lichtstrahlen absorbiert und zumeist in Wärme umgewandelt (s. Wärmelehre Kap. II § 2).

Die mannigfachen Farben der Körper in der Natur sind nur dadurch möglich, daß die Körper mit weißem Licht beleuchtet werden. Wenn wir einen farbigen Körper im dunklen Zimmer mit dem einfarbigen gelben Licht der Natriumflamme beleuchten, so erscheint er farblos grau in grau. In dem violetten Licht der Quecksilberdampflampen erscheinen Gesicht und Hände da, wo im weißen Licht die Blutröte hervortritt, schwarz.

Zur Darstellung natürlicher Farben in der Dreifarbenprojektion photographiert man die zu reproduzierenden Gegenstände dreimal durch je eine blaue, eine grüne und eine orangerote Filterscheibe. Nach den entstandenen Negativen werden Diapositive angefertigt und unter Zwischenschaltung der zur Aufnahme verwendeten Farbenfilter auf dieselbe Stelle eines weißen Schirmes projiziert. Da, wo alle Farben zusammenwirken, entsteht Weiß.

Bei der photographischen Farbenprojektion von Lumière wird nur eine Platte verwendet, unter deren Gelatineschicht ein aus blau, grün und orangerot gefärbten Stärkekörnern gebildetes Farbenfilter eingebettet ist. Bei der Aufnahme müssen die vom Objektiv kommenden Lichtstrahlen erst dieses Filter durchschreiten, ehe sie auf die lichtempfindlichen Teile der Schicht einwirken können. Die entsprechend entwickelte Platte wird dann unmittelbar zur Projektion benutzt.

Im Gegensatz zu diesen additiven Projektionsverfahren steht das subtraktiv wirkende Verfahren des Dreifarbendrucks. Auf photographischem Wege werden unter Zwischenschaltung je eines Orange-, Grün- und Violettfilters drei Negative und nach diesen ebenfalls auf photographischem Wege drei Druckplatten hergestellt, die an den Stellen, wo durch die Filter das blaue, rote und gelbe Licht absorbiert wurde, erhaben sind. Mit den letzteren Farben werden die drei Platten übereinander gedruckt. Wo alle drei Farben aufeinander fallen, entsteht hier Schwarz. Beim Vierfarbendruck tritt zwecks Erzielung besserer Schwärzen zu den drei genannten eine vierte schwarze Platte hinzu.

Manche Stoffe, besonders die Metalle zeigen als Oberflächenfarbe die Komplementärfarbe des von sehr dünnen Schichten der betreffenden Stoffe hindurchgelassenen Lichts, also nicht die Farbe dieses Lichtes selbst. Die betreffende Oberflächenfarbe wird hier auch von rauhen Oberflächen spiegelnd reflektiert. Gold z. B. läßt in dünnen Schichten grünes Licht hindurch. Die Oberflächenfarbe ist das bekannte Rötlich-Gelb. Auch manche Nichtmetalle zeigen den Metallglanz, z. B. das übermangansaure Kali, das an der Oberfläche grünlichblau, im durchscheinenden Licht rötlich erscheint. Solche Stoffe mit Oberflächenfarben haben stets „anomale Dispersion" (§ 4).

Befinden sich an der Oberfläche eines Körpers Teilchen von der Größenordnung der Wellenlängen des Lichts, so treten infolge von Interferenz (Kap. VII § 2) besondere Farben auf. Der Staub auf den Schmetterlingsflügeln z. B. bringt solche Interferenzfarben hervor.

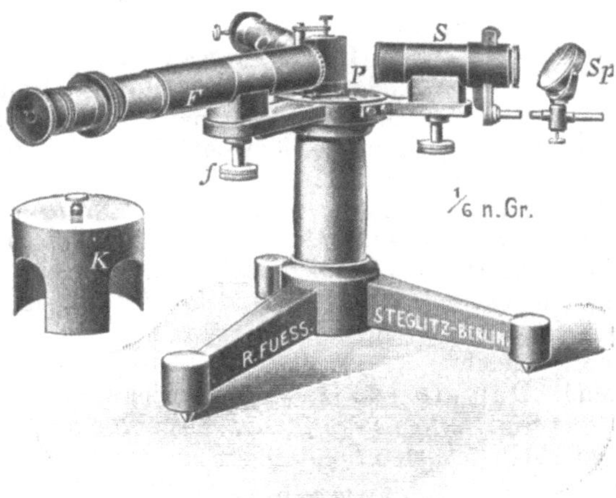

Fig. 71.

§ 4. Arten der Spektra. Spektralanalyse. Wenn man ein ganzes Spektrum zugleich beobachten will, so bedient man sich statt des im § 1 beschriebenen Spektrometers des Spektroskops, Fig. 71, dessen Strahlengang aus Fig. 72 zu erkennen ist. Außer dem Kollimator C und dem hier feststehenden Fernrohr F ist ein Skalenrohr S vorgesehen. Von einer auf der Mattscheibe M befindlichen, auf photographischem Wege erzeugten kleinen willkürlichen Skala wird durch eine Linse und unter Spiegelung an der Hinterfläche des Prismas ein Bild erzeugt, das mit dem Bilde des Spektrums im Fernrohrokular zusammenfällt. Die Skala wird geeicht, indem man die Skalenlage bekannter Linien, z. B. der im folgenden besprochenen Linien des Kaliums, Natriums und des Wasserstoffs, ermittelt und die Resultate als Funktion der diesen Linien zukommenden Wellenlängen in ein Koordinatensystem einträgt. So erhält man die jedem Skalenteil zukommende Wellenlänge. Auch bei diesem Instrumente ist für manche Zwecke die Verwendung des Vergleichsprismas, Fig. 58^b, bequem.

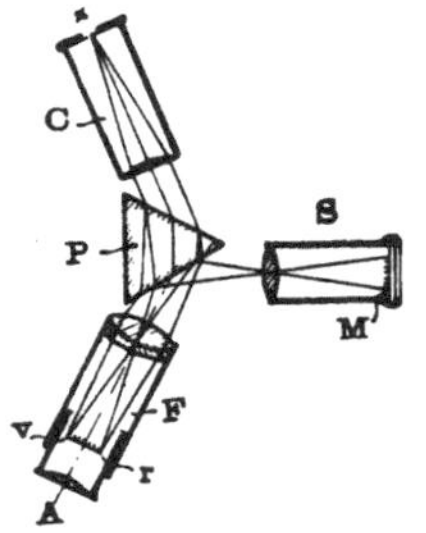

Fig. 72.

Das Geradsichts-Taschenspektroskop wurde schon oben erwähnt (Fig. 68). Ein solches Instrument zeigt Fig. 73.

Wir unterscheiden folgende Arten von Spektren:

1. Emissionsspektren. Weißglühende feste und flüssige Stoffe, auch die in den Flammen der Kerzen usw. schwebenden weißglühenden Kohlenstoffteilchen, ergeben ein kontinuierliches Spektrum, in dem alle Farben ohne Unterbrechung vertreten sind. Erwärmt man einen Körper allmählich, so erscheint bei Rotglut zunächst der rote Teil des Spektrums, das sich bei weiterer Erwärmung nach dem violetten Ende hin verlängert, bis es bei Weißglut vollständig erscheint. Jede Farbe erscheint dann, wenn die Intensität ihrer Strahlenart für unser Auge ausreicht.

Glühende Dämpfe und Gase von geringer Dichte ergeben Linienspektren, d. h. das Spektrum besteht aus wenigen verschieden gefärbten scharfen Spaltbildern an den den betreffenden Farben entsprechenden Stellen eines gleichliegenden kontinuierlichen Spektrums. Die Räume zwischen den Linien bleiben dunkel.

Manche Dämpfe, besonders solche von chemischen Verbindungen und Dämpfe größerer Dichte, weisen an Stelle der Linien breitere Streifen, sog. Banden, auf. Wir erhalten ein Banden- oder Säulenspektrum. Die drei genannten Spektren gehören zur Gattung der Emissionsspektren (s. Spektraltafel: Nr. 2, 4, 5, 8: Linienspektren; Nr. 3, 6, 7: Bandenspektren).

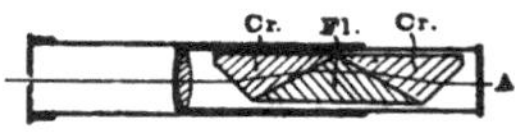

Fig. 73.

2. Absorptionsspektren. Geht weißes Licht, das ein kontinuierliches Spektrum erzeugen würde, durch ein Medium hindurch, das einzelne Strahlengattungen absorbiert, so

Spektralanalyse.

(1—8 Emissionsspektren; 9—13 Absorptionsspektren).

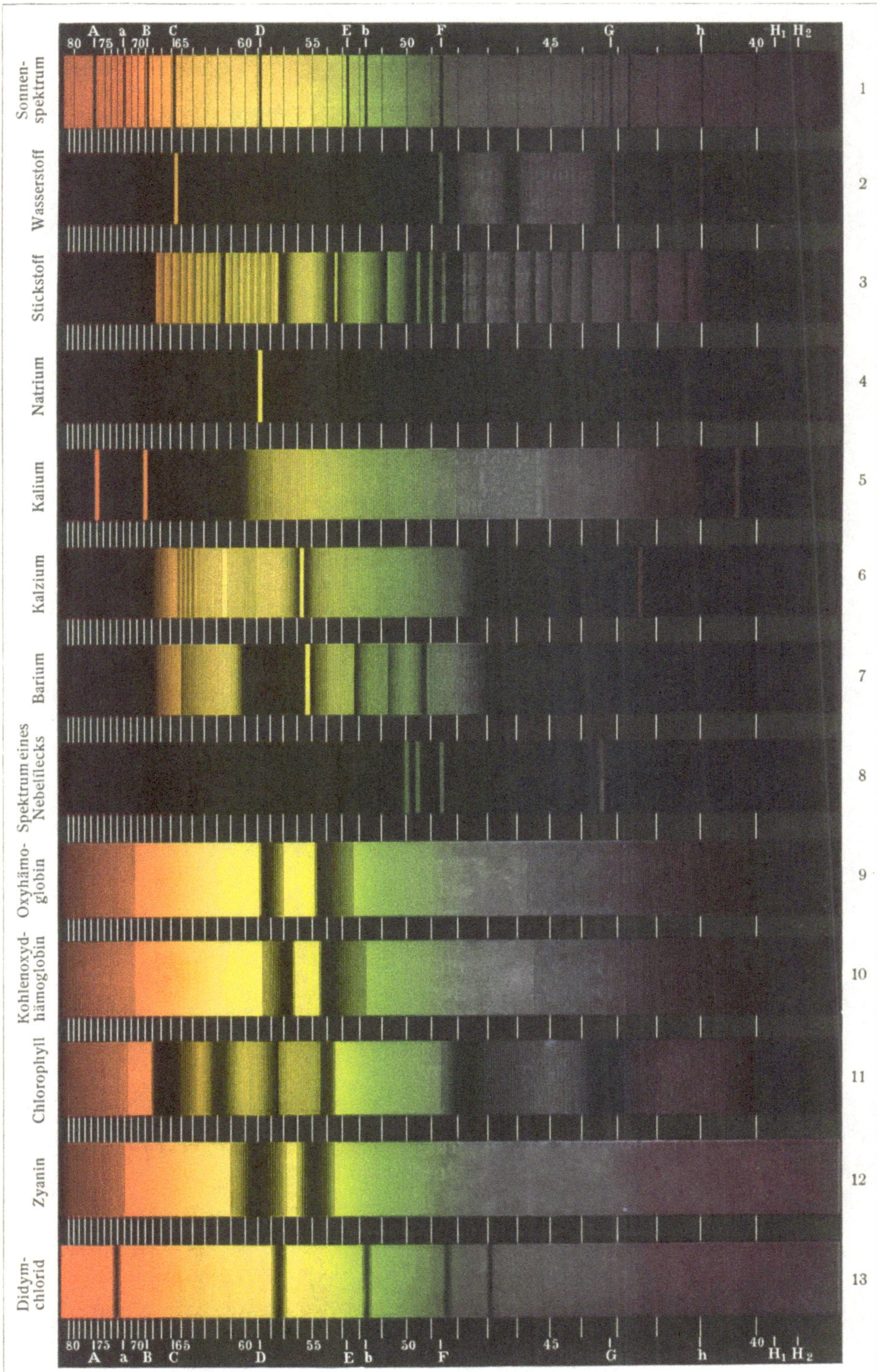

entsteht ein Absorptionsspektrum. An Stelle der fehlenden Lichtarten zeigen sich dunkle Linien auf hellem, farbigem Hintergrunde (s. Spektraltafel Nr. 1, 9—13).

Um das Linienspektrum eines leuchtenden Dampfes sichtbar zu machen, bringt man die zu verdampfende Substanz mittels einer Platinöse in die nicht leuchtende Flamme eines Bunsenbrenners (s. z. B. Fig. 95[a]) und läßt die entstehenden Lichtstrahlen auf den Kollimatorspalt des Spektroskops fallen. Von Metalldämpfen erhält man auch Spektren, indem man elektrische Funken zwischen Spitzen aus dem betreffenden Metall überspringen oder diese im Flammenbogen einer Bogenlampe verdampfen läßt (wobei jedoch die Kohlenspitzen selbst kein Licht auf den Spalt werfen dürfen!). Flüssigkeiten, z. B. Lösungen von Metallsalzen, werden in fein zerstäubtem Zustande in den Bunsenbrenner eingeführt oder ebenfalls durch überspringende elektrische Funken zum Leuchten gebracht. Gase schließt man zu diesem Zwecke in Geislersche Röhren ein.

Die Hauptlinien der in der Spektraltafel Zeile 2, 3 und 5 gezeigten Metallspektra fallen genau (A und G sehr annähernd) mit den hier in Klammern beigefügten Fraunhoferschen Linien (s. unten) zusammen, nämlich: Wasserstoff (C, F, G), Natrium (D) und Kalium (A, B). Diese Linien werden zur genauen Bezeichnung der Brechungsquotienten in der im § 1 angegebenen Weise benutzt.

Kirchhoff und Bunsen zeigten, daß für jedes Metall ein charakteristisches Spektrum besteht, so daß man aus einem Gemisch die verschiedenen Bestandteile durch Erzeugung eines Spektrums herausfinden kann. Darauf gründet sich die Spektralanalyse. Mit ihrer Hilfe kann man außerordentlich kleine Mengen der betreffenden Stoffe auffinden. Der aus dem Seewasser stammende Salzgehalt der Luft läßt z. B. die helle Natriumlinie im Spektrum des Bunsenbrenners entstehen. Mittels der Spektralanalyse ist eine Reihe neuer Elemente entdeckt worden, z. B. Cäsium und Rubidium durch Bunsen.

Von nicht minderer Bedeutung für die Anwendung der Spektralanalyse ist die Kenntnis der charakteristischen Absorptionsspektra. Unter ihnen hat das Sonnenspektrum die größte Bedeutung (Nr. 1 der Spektraltafel). In ihm findet sich eine große Zahl (mehr als 10000) feiner schwarzer Linien. Viele dieser schon mehrfach erwähnten Fraunhoferschen Linien entsprechen ihrer Lage nach genau den Linien in den bekannten Emissionsspektren gewisser Metalle. Durch Kirchhoff wurde diese Tatsache zuerst richtig gedeutet, und zwar durch Analogie gegenüber folgender irdischer Erscheinung: Glühende Gase und Dämpfe absorbieren gerade diejenigen Strahlengattungen hindurchgehenden Lichts, die sie selbst aussenden (s. Kirchhoffsches Gesetz Kap. VI § 2). Experimentell läßt sich das zeigen durch die sog. Umkehrung der Natriumlinie: Von einem elektrischen Lichtbogen, der zwischen zwei mit Kochsalz getränkten Kohlenspitzen entsteht, erzeugen wir ein Natriumspektrum (Nr. 4 der Spektraltafel). Lassen wir nun die Lichtstrahlen durch eine weniger heiße, z. B. im Bunsenbrenner erzeugte Natriumflamme hindurchgehen, so zeigt sich an Stelle der hellen Natriumlinie eine dunkle Linie auf hellem Grunde. Im Sonnenspektrum entspricht dieser dunklen Linie die Linie D. Daraus schloß Kirchhoff, daß der weißglühende Sonnenball von einer Hülle aus schwächer glühenden Metalldämpfen umgeben sei, durch die jene Absorptionslinien hervorgerufen werden. Außer den (umgekehrten) Linien des Wasserstoffs, Eisens und Natriums, die besonders hervortreten, finden sich im Sonnenspektrum die Linien einer Anzahl anderer irdischer Elemente. Die Linien des Kaliums u. a. sind nicht vorhanden. Eine große Zahl von Fraunhoferschen Linien sind aus irdischen Stoffen bisher nicht bekannt. Einzelne Elemente, z. B. das Helium, sind erst gefunden worden, nachdem ihre Linien aus dem Sonnenspektrum schon bekannt waren. Gewisse Linien, vor allem die dem Sauerstoff und dem Wasserdampf entsprechenden, sind nicht durch Absorption in der Sonnenhülle, sondern in der Erdatmosphäre entstanden, wie sich durch Beobachtung von hohen Bergen aus feststellen ließ. Damit ergibt sich, daß auch nichtleuchtende Gase und Dämpfe in stärkeren Schichten absorbierende Wirkung haben.

Feste und flüssige durchsichtige Stoffe (letztere in parallelwandige Glaströge eingefüllt), vor allem die farbigen, erzeugen Absorptionsstreifen oder Banden. Oft fehlen ganze Teile des Spektrums, vor allem die Enden. Die Spektraltafel zeigt uns einige Beispiele von Absorptionsspektren. Nr. 9 ist durch Menschenblut in 40facher Verdünnung mit Wasser erzeugt. Die beiden Banden müssen nach Zusatz von 0,6 Teilen Ammoniak und 1 Teil weinsaurem Eisen verschwinden. Geschieht das nicht und erscheint das Spektrum Nr. 10, so liegt Vergiftung durch Kohlendunst vor. Nr. 11 zeigt das Spektrum des grünen (fluoreszierenden s. Kap. VI § 3) Farbstoffs der Pflanzen, des Chlorophylls, das die Energie des absorbierten Sonnenlichtes für den Lebensbedarf der Pflanzen nutzbar macht. Vom Absorptionsspektrum des Zyanins, Nr. 12, ist unten und im Kap. VI § 4 noch die Rede. Gewisse Lösungen von Didymsalzen und didymhaltiges Glas sind farblos durchsichtig, zeigen aber dennoch Absorptionsstreifen (Nr. 13) da, wo im Emissionsspektrum des glühenden Didymdampfes helle Streifen erscheinen.

Die Bedeutung der Spektralanalyse ergibt sich schon aus den wenigen angeführten Beispielen. Sie findet die größte Anwendung in der Chemie, z. B. in der Nahrungsmitteluntersuchung, in der Herstellung der Farbstoffe usw. Eine hüttentechnische Anwendung sei hier noch als Beispiel genannt: Bei der Stahlbereitung in der Thomasbirne erkennt man das Ende des Prozesses durch das Verschwinden der grünen Linien des Mangans und der blauen des Kohlenstoffs im Spektrum, das man hier meistens mittels des Geradsichtsspektroskops, Fig. 73, beobachtet. Von größter Bedeutung ist die Spektralanalyse auch für die astronomischen Forschungen. Nr. 8 der Spektraltafel zeigt das Spektrum eines Nebelflecks, das die beiden Linien F und G des Wasserstoffs aufweist und so das Vorhandensein dieses Elementes zu erkennen gibt.

Für die astronomischen Anwendungen der Spektralanalyse spielt eine auf dem Dopplerschen Prinzip (Kap. I § 1, 6) beruhende Erscheinung eine wichtige Rolle: Bewegt sich eine Lichtquelle mit einer Geschwindigkeit, die gegen die Lichtgeschwindigkeit nicht zu vernachlässigen ist, auf uns zu bzw. von uns weg, so verschiebt sich das Spektrum nach dem violetten bzw. nach dem roten Ende hin; bei der Annäherung der Lichtquelle nimmt die Wellenlänge des ankommenden Lichts scheinbar ab, die Brechbarkeit also zu und umgekehrt. Durch Messung der Verschiebung der Spektren fand man z. B., daß der Arkturus sich der Erde mit $53^{km/sec}$ nähert, der Sirius sich mit $32^{km/sec}$ entfernt.

Manche absorbierenden Stoffe zeigen die Erscheinung der anomalen Dispersion, d. h. abweichender Gesetze hinsichtlich der Brechbarkeit der einzelnen Farben. Das Fuchsin z. B. bricht die roten und gelben Strahlen stärker als die violetten. Um die anomale Dispersion näher zu beobachten, bedient man sich der Methode der gekreuzten Spektren: Das von einem Prisma mit senkrechter brechender Kante erzeugte Spektrum einer weißen Lichtquelle läßt man auf einen wagerechten Spalt AH (Fig. 74) fallen und schickt die hindurchgehenden Strahlen durch ein zweites Prisma, das Kreuzprisma, mit wagerechter brechender Kante. Für normal dispergierende Prismen aus gleichem Material und für weißes Licht ergibt

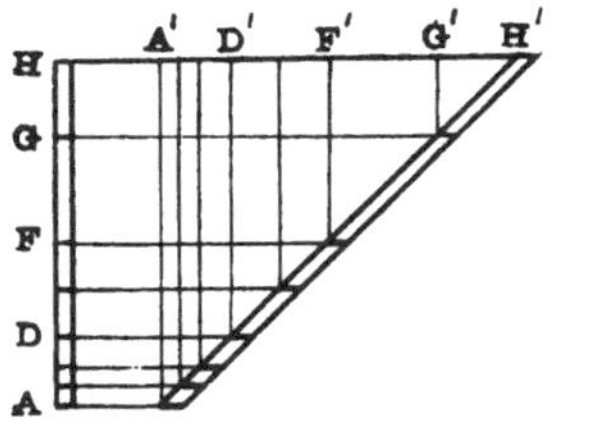

Fig. 74.

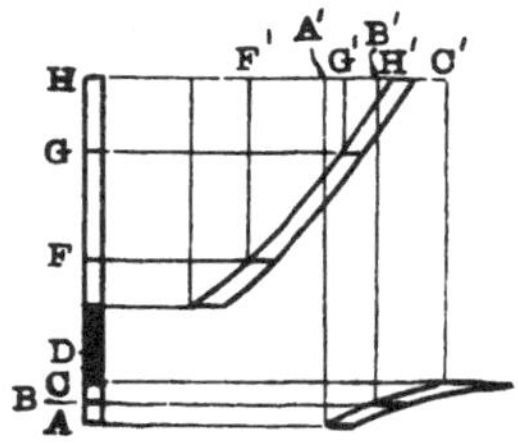

Fig. 75.

das zweite sog. Kreuzspektrum A'H' eine gerade Linie (Fig. 74). Verwendet man aber für das zweite Prisma eine anomal dispergierende Substanz, z. B. das Zyanin (Absorptionsspektrum s. Nr. 12 der Spektraltafel), das man in einen prismatischen Glastrog einfüllt, so zeigt sich die Erscheinung der Fig. 75, d. h. in der Nähe des Absorptionsstreifens wächst, vom Rot aus gesehen, der Brechungsquotient beträchtlich, nimmt dagegen, vom Violett aus gesehen, ab. Im ganzen erscheint die rote Seite des Spektrums stärker abgelenkt als die violette. Sind mehrere Absorptionsstreifen vorhanden, wie z. B. beim übermangansauren Kali, so wiederholt sich die Erscheinung an jedem einzelnen Streifen. Hier zeigt sich ein wichtiger Zusammenhang zwischen den Erscheinungen der Dispersion und der Absorption, die für die — hier nicht näher zu behandelnde — Theorie dieser Erscheinungen von großer Bedeutung ist.

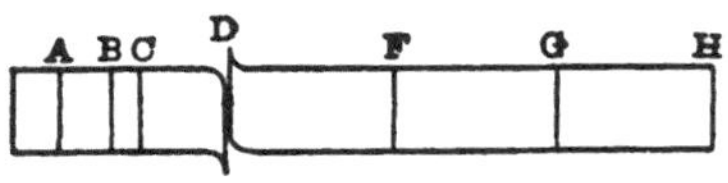

Fig. 76.

Die Erscheinung der anomalen Dispersion zeigt sich auch bei den glühenden Gasen und Dämpfen für die Lichtarten, die den von ihnen ausgesandten benachbart sind. Dies läßt sich z. B. zeigen, wenn man als Kreuzprisma eine durch ein ablenkendes Blech prismatisch gestaltete Natriumflamme benutzt. Das Kreuzspektrum zeigt dann das Aussehen der Fig. 76.

Manche Erscheinungen an Sonnenflecken und Protuberanzen lassen sich hierdurch erklären.

Kundt stellte auf elektrolytischem Wege so dünne prismatische Körper aus Metall her, daß die Brechungsverhältnisse der Metalle sich mit Hilfe des Spektrometers ermitteln ließen. Dabei zeigten manche Metalle, z. B. Platin, Eisen, Nickel und Wismut, starke Brechung (Wismut für rotes Licht $n = 2{,}61$) und anomale Dispersion. Silber, Gold und Kupfer zeigen normale Dispersion, aber die Werte der Brechungsquotienten sind kleiner als 1 (z. B. Gold für rotes Licht $n = 0{,}38$), d. h. in diesen Metallen pflanzt sich das Licht schneller fort als im freien Aether! Die im § 3 erwähnte Erscheinung der Oberflächenfarben oder Metallfarben hängt mit der anomalen Dispersion dieser Stoffe zusammen.

VI. Kapitel.

Erscheinungen und Gesetze der strahlenden Energie.

§ 1. Ueberblick. Die verschiedenartigen Erscheinungsformen der strahlenden Energie lassen sich am besten überschauen, wenn wir das große Gebiet der Aetherschwingungen nach Wellenlänge und Schwingungsdauer in Gruppen einteilen. Es muß jedoch besonders hervorgehoben werden, daß wir diese Gruppen nicht, wie es im Sprachgebrauch oft geschieht, als Wärmestrahlen, Lichtstrahlen, chemisch wirksame Strahlen bezeichnen dürfen, sondern daß es lediglich auf die Beschaffenheit der bestrahlten Körper ankommt, ob sie Strahlen von bestimmter Wellenlänge zu absorbieren und in die eine oder andere Energieform umzuwandeln vermögen. Diese Frage wird im einzelnen näher behandelt werden. Wir wollen folgende Strahlengruppen unterscheiden: ($1^{\mu} = 1/1000^{mm}$).

Wellenlänge λ: (Die Schwingungsdauer t^{sec} ergibt sich aus Gl. 1d mit $c = 300000^{km/sec}$, s. Kap. VII § 4.)

$0{,}1-0{,}4^{\mu}$: Ultraviolette Strahlen. Werden vorwiegend in Luminiszenzerscheinungen und chemisch wirksame Energie umgewandelt, s. § 3 und § 4.

$0{,}4-0{,}76^{\mu}$: Sichtbare Strahlen. Mit ihnen haben wir es in diesem Buche in erster Linie zu tun.

$0{,}76-60^{\mu}$: Infrarote Strahlen. Setzen sich vorwiegend in Molekularschwingungen in Gestalt von Körperwärme um, s. § 2.

$60-2{,}5^{mm}$: Nicht erforschtes Gebiet.

$2{,}5^{mm}$—mehrere Kilometer: Elektrische Wellen. Werden hier nicht behandelt.

Aus dieser Zusammenstellung ersehen wir, daß die bisher allein behandelten Lichtwirkungen der strahlenden Energie nur einen verschwindend kleinen Bruchteil der gesamten Energie wiedergeben, die von einem strahlenden Körper ausgeht. Hier soll an Hand einiger — hier nicht näher zu beweisender — Gesetze ein kurzer Ueberblick über dieses Gesamtgebiet gegeben werden. Die Lichterscheinungen stehen jedoch auch hier im Vordergrund des Interesses. Wir müssen drei Arten von Lichtentstehung unterscheiden:

Die kalorische Strahlung oder Temperaturstrahlung erzeugt Licht durch Umwandlung von Wärmeenergie. Mit ihr haben wir es bisher allein zu tun gehabt und sie soll hier im § 2 näher erörtert werden.

Die zweite Art von Lichtentstehung wird als Luminiszenz bezeichnet (nach Wiedemann). Sie umfaßt alle diejenigen Fälle, wo Licht nicht aus Wärme, sondern aus irgendeiner andern Energieform oder durch Umwandlung anders gearteter Lichtschwingungen entsteht. Die Luminiszenzerscheinungen sind im § 3 behandelt.

Drittens werden durch die sog. neuen Strahlen, die Röntgenstrahlen, Becquerelstrahlen usw. Lichterscheinungen hervorgerufen. Ihr Wesen und ihre Beziehungen zu den Aetherschwingungen sind noch wenig erforscht. Ihre Behandlung muß hier unterbleiben.

§ 2. Temperaturstrahlung. Die Absorption des Lichtes stellt einen Vorgang dar, bei dem sichtbare Schwingungen in nicht sichtbare von anderer Schwingungsart umgewandelt werden. Die Menge J_a des von einem Körper absorbierten Lichtes ist der Menge J des auffallenden Lichtes proportional. Die Größe der Absorption hängt von der Dicke der absorbierenden Schicht ab. Ist a der Bruchteil, der von einer Schicht von 1^{cm} Dicke absorbiert wird, so absorbiert eine Schicht von d^{cm} Dicke das a^d fache. Wir nennen mit den oben gewählten Bezeichnungen:

$$\frac{J_a}{J} = A = \text{Absorptionsvermögen} \ldots\ldots\ldots\ldots \text{Gl. 25.}$$

Um dieses Absorptionsvermögen näher zu bestimmen, führen wir den „absolut schwarzen Körper“ ein, das wäre ein solcher, der keine strahlende Energie reflektieren und hindurchlassen würde, sondern alle Strahlengattungen vollkommen absorbieren würde. Für ihn wäre:

$$J = J_a; \quad A = 1 \quad \ldots\ldots \quad Gl.\ 26^{a,b}.$$

Nennen wir die Intensität des Lichtes von bestimmter Wellenlänge (Farbe), die ein Körper bei der Temperatur T^0 abs. ausstrahlt, sein Emissionsvermögen E, so gilt das Kirchhoffsche Gesetz:

$$\frac{E}{A} = konst. \quad \ldots\ldots \quad Gl.\ 27.$$

Nennen wir e das Emissionsvermögen des absolut schwarzen Körpers, so erhalten wir aus Gl. 27 und 26b:

$$\frac{E}{A} = \frac{e}{1}, \text{ also}$$

$$E = e \cdot A \quad \ldots\ldots \quad Gl.\ 28,$$

d. h. in Worten: Für alle Körper, die infolge ihres Temperaturzustandes Strahlen aussenden, ist das Verhältnis ihres Emissionsvermögens zu ihrem Absorptionsvermögen für Strahlen der gleichen Wellenlänge und für die gleiche Temperatur konstant und zwar gleich dem Emissionsvermögen des absolut schwarzen Körpers. Für Gase und Dämpfe nun ist nach Kap. V § 4 das Emissionsvermögen nur für einzelne Wellengattungen, die den Linien des Spektrums entsprechen, nicht null. Nach Gl. 28 wird also für gleiche Temperatur auch nur für diese Wellengattung A nicht null sein, d. h. glühende Gase und Dämpfe absorbieren nur diejenigen Strahlengattungen, die sie bei gleicher Temperatur emittieren.

Ein absolut schwarzer Körper läßt sich darstellen durch einen Hohlraum, aus dem die Strahlen durch ein enges Loch austreten und dessen Wandungen überall auf gleicher Temperatur gehalten werden. Ein solcher Hohlraum reflektiert in seinem Innern ein von außen schräg einfallendes Strahlenbündel so vielfach und vollkommen, daß aus der Oeffnung keine Energie wieder herauskommt. Er verhält sich also hier wie ein absolut schwarzer Körper und er wird sich auch in der Umkehrung, d. h. bezüglich seines Emissionsvermögens, so verhalten[1]).

---

[1]) Für das Verständnis des Begriffs des absolut schwarzen Körpers erscheint der Hinweis nützlich, daß ein solcher Körper bei hohen Temperaturen leuchtet, also dann nach dem gewöhnlichen Sprachgebrauch nicht „schwarz“ ist.

Lummer und Wien stellten 1900 zuerst praktische Versuche mit dem absolut schwarzen Körper an, der aus einem innen geschwärzten doppelwandigen Hohlraum aus Platin, bei höheren Temperaturen aus Chamotte bestand. Durch elektrische Heizung oder Bäder (für die tiefsten Temperaturen flüssige Luft) wurde der Körper auf bestimmte Temperaturen gebracht. Das aus der Oeffnung hervorgehende Strahlenbündel wurde zu einem Energiespektrum auseinandergezogen und die Intensität der einzelnen Wellenlängen wurde mittels eines Bolometers (s. Wärmelehre Kap. III § 4), das die strahlende Energie in Wärmeenergie umsetzt, gemessen, indem das Bolometer nach und nach durch das ganze Spektrum verschoben wurde. Die Zerstreuung konnte hier nicht mittels Glasprismen und Linsen vorgenommen werden, da sie den größten Teil aller Strahlen absorbieren würden. Man verwendet vielmehr das diathermane Sylvin (s. Kap. II § 2) und ersetzt die Linsen durch Hohlspiegel. In Fig. 77 ist die Emission des absolut schwarzen Körpers[1]) als Funktion der Wellenlänge aufgetragen. (Es ist zu bemerken, daß die Messungen im sichtbaren Teil des Spektrums wegen der außerordentlich kleinen Energiemengen kaum mehr ausführbar waren. Die in Fig. 77 dargestellten Kurven sind in diesem Teile sinngemäß verlängert!) Durch die in dieser Darstellung wiedergegebenen Versuche wurden folgende Gesetze begründet

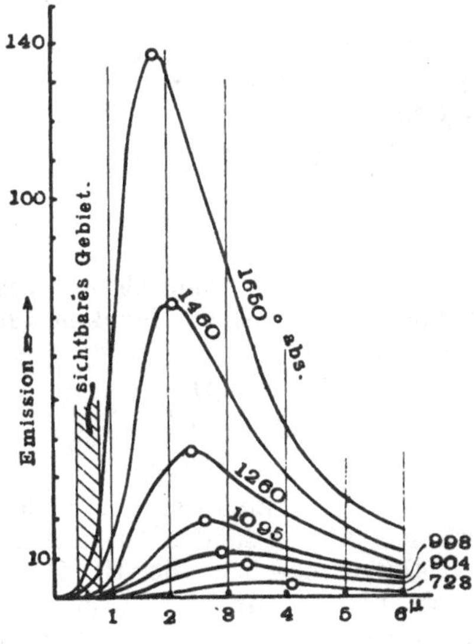

Fig. 77.

[1]) Auf die Bedeutung und die Dimension der für die Emission angegebenen Zahlenwerte kann hier nicht näher eingegangen werden. Sie sollen hier nur als Vergleichsmaßstab dienen und Fig. 77 ist demgemäß nur als Schaubild aufzufassen.

bzw. bestätigt, die jedoch nur für den absolut schwarzen Körper gelten:

1. Das Produkt aus absoluter Temperatur und der Wellenlänge, bei der die ausgestrahlte Energie ihr Maximum hat, ist konstant = 2940 ($1^{\mu} = 1/1000^{mm}$).

$$\lambda^{\mu}_{max} \cdot T^0 = 2940 = konst. \qquad Gl.\ 29^a.$$

2. Die maximale emittierte Energie ist proportional der fünften Potenz der absoluten Temperatur.

$$e_{max} = T^5 \cdot konst. \qquad Gl.\ 30^a.$$

3. Stefan-Boltzmannsches Gesetz: Die das ganze Spektrum umfassende Gesamtstrahlung ist proportional der vierten Potenz der absoluten Temperatur.

$$\int_0^{\infty} e_{\lambda} \cdot d\lambda = T^4 \cdot konst. \qquad Gl.\ 31^a.$$

(Für die experimentelle Nachprüfung dieses Gesetzes braucht der Energiestrom nicht in ein Spektrum zerlegt zu werden.)

Ersetzte man den absolut schwarzen Körper durch einen strahlenden Körper aus blankem Platin, so ergaben sich folgende Gesetze:

$$\lambda_{max} \cdot T = 2630 \qquad Gl.\ 29^b.$$
$$e_{max} = T^6 \cdot konst. \qquad Gl.\ 30^b.$$
$$\int e_{\lambda} \cdot d\lambda = T^4 \cdot konst. \qquad Gl.\ 31^b.$$

Das Verhalten der gebräuchlichen Strahlungsquellen liegt zwischen diesen beiden Grenzfällen.

Damit ergeben die Gl. $29^{a,b}$ bis $31^{a,b}$ die Möglichkeit, durch Ermittelung der Lage des Energiemaximums mittels optischer Pyrometer (Spektralphotometer) Temperaturen zu messen, die auf keine andere Weise mehr meßbar sind. So ergaben sich die in der Wärmelehre Kap. II § 4 angegebenen absoluten Temperaturen aus den Wellenlängen beim Energiemaximum:

	λ_{max}	T_{max} abs. schw. Körper	T_{max} blankes Platin
Bogenlampe	0,7 μ	4200° abs.	3750° abs.
Nernstlampe	1,2 „	2450° „	2200° „
Auerlampe	1,2 „	2450° „	2200° „
Glühlampe	1,4 „	2100° „	1875° „
Kerze	1,5 „	1960° „	1750° „

Für die Sonnentemperatur ergab sich mit Hilfe dieses Verfahrens und auch durch direkte Anwendung des Gesetzes Gl. 31[a, b]: $T = 6000^0$ abs.

Die Betrachtung der Fig. 77 und die Gl. 29—31 lehren ferner: Jeder Körper strahlt bei jeder Temperatur oberhalb des absoluten Nullpunkts (-273^0 C) alle Wellengattungen, also auch die als Licht wirkenden aus. (Es findet also stets eine gegenseitige Bestrahlung der Körper statt und nur die Differenz der strahlenden Energieen kommt zur Geltung.) Mit steigender Temperatur wächst und verschiebt sich das Energiemaximum nach dem sichtbaren Teil des Spektrums hin. Damit verschiebt sich auch die für die Beobachtung durch das Auge ausreichende Intensitätsgrenze mit wachsender Temperatur nach dem violetten sichtbaren Ende des Spektrums hin. Der absolut schwarze Körper beginnt bei 525^0 C mit rotem Licht zu leuchten. Mit wachsender Temperatur erreichen dann immer kürzere Wellen die zum Sehen erforderliche Intensität. Eine Lichtquelle, z. B. eine elektrische Glühlampe, erscheint weißer oder röter, wenn sie heißer oder kälter ist.

Die Versuche mit blankem Platin ergaben, daß die gesamte Lichtstrahlung, d. h. der als Licht empfundene Teil der Gesamtenergie über 2000^0 abs., mit der zwölften Potenz der absoluten Temperatur wächst. Daraus ergibt sich der Vorteil der Temperatursteigerung bei allen Lichtquellen, die auf Temperaturstrahlung beruhen. Betrachten wir die unter den Kurven Fig. 77 liegenden Flächenstücke als Maß für die aufgewandte Gesamtenergie, so erkennen wir die ungeheure Energievergeudung, die mit der Anwendung der Temperaturstrahlung verbunden ist und die wir sogar noch vergrößern, wenn wir in der Absicht, größere Helligkeit zu erzielen, die Temperatur zu steigern trachten.

§ 3. Luminiszenzerscheinungen (s. den Ueberblick § 1).

Fluoreszenz nennt man die Erscheinung, daß manche Stoffe die absorbierten Strahlen in solche anderer und zwar stets größerer Wellenlänge verwandeln und dadurch selbst leuchtend werden. Die Fluoreszenzfarbe dieser Stoffe ist eine andere (meist weniger brechbare) als sie selbst im durchscheinenden Lichte zeigen. Chlorophyll, dessen Absorptionsspektrum in Nr. 11 der Spektraltafel gezeigt ist, erscheint im durchscheinenden Licht grün, ein einfallender Strahl weißen

Lichts leuchtet blutrot auf. Petroleum absorbiert vorwiegend ultraviolette, also nicht selbst sichtbare Strahlen und leuchtet blau. Durch diese Umwandlung können ultraviolette Strahlen sichtbar gemacht werden. Wir erzeugen zu diesem Zwecke ein Spektrum mittels Linsen und Prismen aus Quarz und am besten mit Hilfe einer Quarzglasquecksilberdampflampe, einer sog. Uviollampe, da Glas die ultravioletten Strahlen absorbieren würde. Ein fluoreszierender Körper, den wir durch das ultraviolette Spektrum hindurchführen, leuchtet auf und zeigt so das Vorhandensein dieser Strahlen.

Phosphoreszenz heißt die Erscheinung, daß manche Körper nach vorausgegangener Bestrahlung mit Licht im Dunkeln nachleuchten. Hier tritt also in gewissem Sinne eine Aufspeicherung von strahlender Energie unter gleichzeitiger Aenderung der Wellenlänge auf, denn auch hier sind die nachleuchtenden Strahlen von größerer Wellenlänge als die erregenden. Auch die Phosphoreszenz wird besonders stark durch ultraviolette Strahlen angeregt. Durch ultrarote Strahlen wird das Phosphoreszenzlicht ausgelöscht, was zum Studium jener Strahlen benutzt wurde. Besonders stark phosphoreszieren gewisse Verbindungen von Kalcium, Barium und Strontium; sie werden z. B. in der Balmainschen Leuchtfarbe zum Anstrich von Zifferblättern benutzt.

Die beiden angegebenen Erscheinungen faßt man unter der Bezeichnung Photoluminiszenz zusammen. Als Phosphoreszenz bezeichnet man jedoch auch die folgenden Erscheinungen, die man genauer mit den in Klammern angegebenen Namen benennt:

Gewisse Stoffe leuchten infolge schwacher Erwärmung. Flußspat leuchtet z. B. in geschmolzenem Paraffin. Diese Eigenschaft verliert sich nach stärkerer und längerer Erwärmung. Durch Bestrahlung mit Kathodenstrahlen jedoch wird sie wiedergewonnen. Manche Stoffe werden durch Eintauchen in flüssige Luft leuchtend (Thermoluminiszenz).

Infolge von Reiben, Brechen, Stoßen, z. B. beim Zerstoßen des Zuckers und beim Zerbrechen von Kreide, tritt Leuchten auf (Triboluminiszenz).

Gießt man in eine gesättigte Kochsalzlösung Alkohol, so tritt Kristallbildung unter Lichtentwicklung ein. Solche Erscheinungen treten auch beim Erstarren, z. B. des Silbers, auf (Kristalloluminiszenz).

Phosphor leuchtet infolge langsamer Oxydation an der Luft. (Daher stammt eigentlich der Name Phosphoreszenz.) Aehnlich ist auch die Ursache des Leuchtens organischer Stoffe, z. B. faulen Holzes und das Meerleuchten (Chemiluminiszenz).

Verdünnte Gase leuchten beim Durchgange elektrischer Entladungen. Auch in farbigen Bogenlampen und Quecksilberdampflampen tritt eine ähnliche Erscheinung auf, ohne daß dabei die Temperatur einen großen Einfluß hätte. Diese Art von Lichterzeugung erscheint daher ökonomischer als die Anwendung reiner Temperaturstrahlung (Elektroluminiszenz).

§ 4. Chemische Wirkungen des Lichts. Photographie. Die Aetherschwingungen, vor allem die sichtbaren Strahlen von kürzerer Wellenlänge und die ultravioletten Strahlen bringen bei ihrer Absorption folgende chemische Wirkungen hervor:

1. In manchen Stoffen findet unter dem Einfluß dieser Strahlen eine molekulare Umlagerung statt. Beispiele: Der gelbe giftige Phosphor wird durch Licht (oder Wärme) in den roten nicht giftigen übergeführt. Kautschuk wird unter dem Einfluß des Lichts hart und brüchig.

2. In manchen Fällen wird die Entstehung chemischer Verbindungen eingeleitet und befördert. Beispiele: Gleiche Volumina Chlor und Wasserstoff verbinden sich im Dunkeln nicht; unter der Einwirkung des Sonnenlichts verbinden sie sich explosionsartig zu Salzsäure. Das Bleichen vieler Farbstoffe beruht auf einer Oxydation, die nur unter dem Einfluß von Licht erfolgt.

3. Von großer Wichtigkeit ist die Zerlegung chemischer Verbindungen durch absorbierte Strahlen. Das Chlorophyll (Absorptionsspektrum s. Nr. 11 der Spektraltafel) zerlegt nur bei Gegenwart von Licht die Kohlensäure in der Atmosphäre in Kohlenstoff, der zum Aufbau der Pflanzen dient und in Sauerstoff, der auf diese Weise immer aufs neue hergestellt wird. Die Haloidverbindungen des Silbers: Chlorsilber, Bromsilber und Jodsilber werden unter dem Einfluß von Lichtstrahlen und ultravioletten Strahlen zersetzt. Dabei scheidet sich bei genügend langer Belichtungsdauer das Silber als feines schwarzes Pulver ab. Aber auch bei sehr kurzer Belichtungsdauer wird der chemische Aufbau der Verbindungen so gelockert, daß die Ausscheidung des schwarzen Silbers nachher durch ein schwaches Reduktionsmittel, z. B. ein Eisensalz, vor sich geht. Darauf beruht die Photographie.

Die Herstellung einer Photographie erfordert folgende Prozesse: Eine Glasplatte (oder ein Zelluloidfilm) wird mit einer mit Bromsilber getränkten Gelatineschicht versehen und getrocknet. Auf der lichtempfindlichen Trockenplatte wird in einer innen geschwärzten photographischen Kamera mittels eines Objektivlinsensystems (Kap. IX § 4) ein reelles umgekehrtes Bild des aufzunehmenden Gegenstandes erzeugt, das man je nach der Helligkeit des Gegenstandes länger oder kürzer einwirken läßt. An den Stellen, wo das Licht eingewirkt hat, entstehen bei der nachfolgenden Entwicklung, d. h. der Reduktion des Bromsilbers, schwarze Stellen. Wir erhalten ein Negativ, in dem hell und dunkel vertauscht ist. Das unzersetzt gebliebene Bromsilbersalz wird durch unterschwefligsaures Natron gelöst — das Bild wird fixiert. Bis zur Fixage des Negativs müssen alle Prozesse im dunkeln Raum vorgenommen werden. Nur rotes Licht, das auf die meist gebräuchlichen lichtempfindlichen Stoffe nur wenig einwirkt, kann beim Entwickeln verwendet werden.

Das gewaschene und getrocknete Negativ wird zur Herstellung der Positive — die das Original den Helligkeitswerten nach richtig wiedergeben — benutzt, indem man es mit einem lichtempfindlichen Papier Schicht auf Schicht in einem Kopierrahmen zusammenlegt und dem Licht aussetzt. Man unterscheidet hier Entwicklungspapiere und Auskopierpapiere. Die ersteren sind mit einer empfindlichen Bromsilberschicht versehen, die nur kurz belichtet und dann so wie das Negativ entwickelt und fixiert werden. Die Auskopierpapiere, deren lichtempfindliche Schicht meist Chlorsilber als Hauptbestandteil enthält, werden so lange belichtet, bis das Positiv in der gewünschten Stärke erscheint. Diese Kopien werden meistens während oder nach der Fixage getont, d. h. mit einer Gold- oder Platinlösung so behandelt, daß die Farbe des Bildes gefälliger und das Bild haltbarer wird.

Dem Uebelstande, daß blaue Gegenstände auf die photographische Platte mehr einwirken als rote von gleicher Helligkeit, daß also im Positiv blaue Gegenstände zu hell, rote zu dunkel erscheinen, kann man abhelfen, indem man die lichtempfindliche Schicht der Trockenplatte mit einer Substanz tränkt, die vorwiegend rote und gelbe Strahlen absorbiert. Das Zyanin z. B. (Nr. 12 der Spektraltafel) oder Eosinsilber werden zum Sensibilieren der Platten benutzt, die man dann orthochromatisch nennt. Näheres über die photographischen Verfahren s. z. B. Dr. E. Vogel, Taschenbuch der praktischen Photographie, Berlin, Gustav Schmidt.

Die Herstellung von Lichtpausen entspricht dem Positivverfahren der Photographie. Die auf durchsichtigem Pauspapier oder Pausleinen mit schwarzer Tusche erzeugten Zeichnungen werden mit lichtempfindlichem Papier zusammen in einen Kopierrahmen gespannt oder an einer zylindrischen Glasscheibe entlang gezogen und dabei dem Sonnenlicht oder künstlichem Licht (elektrischem Bogenlicht) ausgesetzt. Blaudruckpapier ergibt weiße Striche auf blauem Grunde, Galluspapier schwarze Striche auf weißem Grunde.

Blaudruckpapier. Gut geleimtes Papier wird mit einer Mischung aus gleichen Teilen folgender Lösungen überzogen: A: 100^{ccm} destilliertes Wasser, 10^{g} rotes Blutlaugensalz; B: 100^{ccm} destilliertes Wasser, 25^{g} zitronensaures Eisenoxydammoniak. — Entwicklung und Fixage durch Wasser am besten mit Salzsäurezusatz 1:50.

Galluspapier. Wie vorstehend. Lösung A: 200^{ccm} destilliertes Wasser, 10^{g} schwefelsaures Eisenoxyd, 10^{g} Weinsäure, 20^{g} Eisenchlorid; Lösung B: 100^{ccm} destilliertes Wasser, 10^{g} Gelatine. — Entwicklung und Fixage in: 500^{ccm} Wasser, 1^{g} Oxalsäure, 4^{g} Gallussäure.

(Nach dem oben genannten Spezialwerk.)

VII. Kapitel.

Interferenz und Beugung.

§ 1. Fresnels Spiegelversuch. Im Kapitel I § 1, 3 lernten wir den Begriff der Interferenz kennen. Wir sahen, daß zwei Wellenzüge, die mit gleicher Phase zusammenwirken, sich gegenseitig verstärken, daß sie aber, wenn sie gleiche Intensität und entgegengesetzte Phase haben, sich gegenseitig auslöschen. Kommen zwei Wellenzüge, die von demselben Punkte mit gleicher Phase ausgingen, nach verschieden langen Wegen zur Interferenz, so haben sie dann wieder gleiche Phase, wenn der Wegunterschied ein Vielfaches der ganzen Wellenlänge ist, entgegengesetzte Phase, wenn der Wegunterschied ein ungerades Vielfaches der halben Wellenlänge ist. Die Begründung ergibt sich aus Fig. 1 und 2.

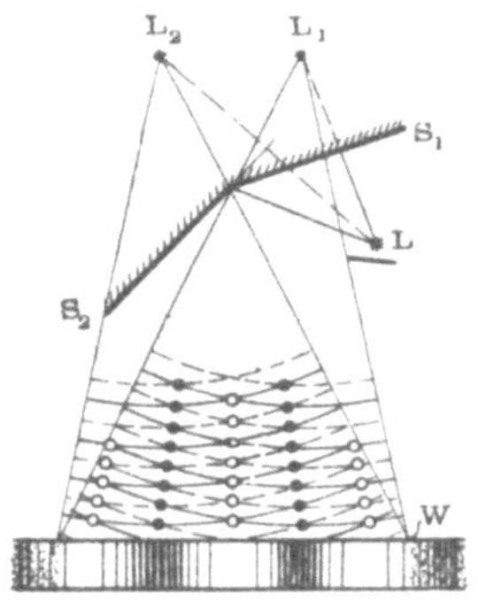

Fig. 78.

Daß auch die Lichtwellen Interferenzerscheinungen zeigen, daß also Licht zu Licht gehäuft unter Umständen Dunkelheit ergibt, wird durch Fresnels Spiegelversuch bewiesen: Die von einer Lichtquelle L (einem beleuchteten Spalt) Fig. 78 ausgehenden homogenen Lichtstrahlen werden von zwei Spiegeln S_1 und S_2 aus schwarzem Glase, die einen sehr kleinen Winkel miteinander bilden, nach der Wand W reflektiert, so als wenn die Lichtstrahlen von den Bildern L_1 und L_2 des Spaltes herkämen. L_1 und L_2 können wir als Ausgangspunkte zweier kugelförmig sich ausbreitender Wellenzüge betrachten, die in bezug auf Phase, Wellenlänge, Schwingungszahl und Intensität vollkommen gleichartig sind. Die beiden Wellenzüge durchkreuzen einander. Da, wo sie mit gleicher Phase interferieren, verstärken sie sich (an den durch Kreise gekennzeichneten Punkten). Hier entstehen auf dem Schirm helle Streifen. Da, wo die Wellenzüge mit entgegengesetzter Phase interferieren (an den durch schwarze Knoten gekennzeichneten Punkten) löschen sie sich gegenseitig aus. Hier entstehen auf dem Schirm dunkle Streifen. Verwenden wir statt des homogenen Lichts weißes Licht, so entstehen statt der hellen und dunkeln Streifen Spektren, die sich rechts und links symmetrisch zu einem mittleren weißen Bilde anordnen. Durch Ermittelung des Abstandes einzelner farbiger Streifen vom mittleren weißen Bilde läßt sich die Wellenlänge der betreffenden Farbe berechnen. Wir wollen hier von dieser Rechnung absehen, da sie sich einfacher aus dem Beugungsspektrum § 4 ergibt.

§ 2. Farben dünner Blättchen. Fällt ein Bündel weißen parallelen Lichts schräg auf ein dünnes planparalleles Blättchen aus einer brechenden Substanz, so wird ein Teil des Lichtes an der Vorderfläche, ein Teil an der Hinterfläche reflektiert, ein anderer Teil geht teils nach mehrfacher Reflexion unter den bekannten Brechungserscheinungen hindurch, Fig. 79. Hierdurch kommen die einzelnen Strahlen des Bündels zur Interferenz. Um die dabei auftretenden Gangunterschiede richtig zu beurteilen, müssen wir bedenken, daß z. B. die Strahlen 1 und 2 Fig. 79 von der Wellenfront AF aus, in der sie mit gleicher Phase von der gemeinsamen Lichtquelle aus ankommen, die Wege ABC bzw. FC mit den den durchschrittenen Materialien entsprechenden Geschwindigkeiten durchlaufen, ehe sie im Punkte C interferieren; ferner, daß bei jeder Reflexion am optisch dichteren Mittel eine Umkehrung der Phase erfolgt (Kap. I § 1, 2). Beträgt nun der resultierende Gangunterschied in C ein ungerades Vielfaches einer halben Wellenlänge irgend einer Farbe, so wird diese Farbe ausgelöscht und von der weißen Farbe des auffallenden Bündels bleibt nur die Komplementärfarbe übrig. Mit der Dicke der Platte und dem Einfallswinkel, d. h. der Stellung des Auges, das die interferierenden Strahlen

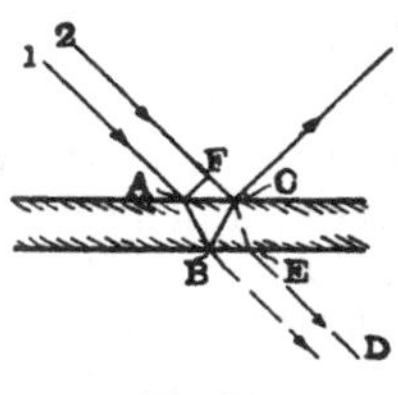

Fig. 79.

auffängt, ändert sich der Wegunterschied und damit die Farbe des ausgelöschten und des übrigbleibenden komplementären Lichtes. Der Gangunterschied ist für das auf den Wegen ABCR und FCR reflektierte Licht ebenso groß, wie das auf den Wegen ABCED und FCED durchgehende Licht. Je nachdem das Blättchenmaterial optisch dichter oder dünner ist als die Umgebung, tritt jedoch für das auf diesen Wegen durchgehende Licht im ganzen eine phasenumkehrende Reflexion weniger oder mehr ein, als für das reflektierte Licht. Im durchgehenden Licht verstärken sich also jene Wellengattungen, die sich im reflektierten Licht auslöschen; die Lichterscheinungen im durchgehenden Licht sind denen im reflektierten Licht komplementär, sind aber weniger lebhaft. Im homogenen Licht wird dieselbe Stelle des Blättchens von der einen Seite betrachtet hell, von der andern unter gleichem Winkel betrachtet dunkel erscheinen.

Die Farben dünner Blättchen kann man an Seifenblasen, Sprüngen im Glase, beim Anlassen des gehärteten Stahls und an dünnen Oelschichten auf Wasserlachen beobachten. Legt man auf eine ebene Glasplatte eine sehr schwach gekrümmte Linse, so bildet die Luftschicht zwischen beiden eine dünne Platte von zunehmender Dicke. Hier entstehen die Newtonschen Farbenringe (von Lummer als Kurven gleicher Dicke bezeichnet), deren Lage sich ändert, wenn wir die Pressung zwischen den Glasstücken verändern. Die Newtonschen Farbenringe können bei bekanntem Krümmungsradius der Linse zur Messung der Wellenlängen des Lichts verwendet werden. Ueber eine interessante meßtechnische Anwendung dieser physikalischen Erscheinung siehe Kirner, Zeitschrift des Vereins deutscher Ingenieure, 1909 S. 1675.

Bei dickeren Platten treten Farbenerscheinungen dieser Art nicht ohne Weiteres auf. Hier sind die Wegunterschiede ein ungerades Vielfaches nicht nur einer einzelnen, sondern verschiedenartiger (halber) Wellenlängen, für die dann gleichzeitig Interferenz eintritt.

§ 3. Stehende Lichtwellen. Weniger von praktischem Wert als von wellentheoretischem Interesse ist die Photographie in natürlichen Farben von Lippmann. Die lichtempfindliche Gelatineschicht befindet sich während der Belichtung vor einem Spiegel aus Quecksilber, an dem die durch die Schicht hindurchgehenden Lichtstrahlen unter Umkehrung der Phase rechtwinklig reflektiert werden, so daß nach Kap. I § 1, 4 innerhalb der Schicht stehende Wellen entstehen, Fig. 80. An den Stellen der Schwingungsbäuche ist die photochemische Zersetzung der Schicht am stärksten, an den Stellen der Knoten am schwächsten. Es entstehen also beim Entwickeln der Schicht in dieser dünne Blättchen, deren Dicke der Wellenlänge der jeweiligen Farbe entspricht. Die gleichen Farben werden bei der Betrachtung der entwickelten Platte als Farben dünner Blättchen beobachtet. Die Farbe wechselt jedoch (das Bild errötet!), wenn wir das Bild schräg ansehen oder wenn die Schicht durch Feuchtigkeit aufquillt.

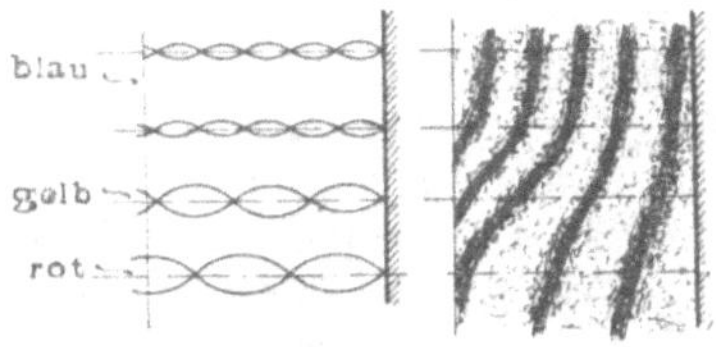

Fig. 80.

§ 4. Beugung, Gitterspektrum. Nach dem Huyghensschen Prinzip (Kap. I § 1, 9) werden die Aetherteilchen in einer Oeffnung, die von Lichtschwingungen erreicht wird, zum Ausgangspunkt von einer kugelartig sich ausbreitenden Wellenbewegung. Machen wir die Oeffnung hinreichend klein, so werden die seitlich von dem „Strahl“ (Kap. I § 4) zerstreuten Lichtwellen durch ihre Interferenzwirkung bemerkbar. Diese mit Interferenzerscheinungen verbundene Fortpflanzung des Lichts in den Kernschatten des Spaltrandes hinein heißt Beugung.

Wir benutzen als Oeffnung einen engen geradlinigen Spalt, den wir mit parallelem und homogenem Licht (z. B. dem gelben Licht der Natriumflamme) in zur Spaltebene senkrechter Richtung beleuchten. Befinden sich somit alle in der Spaltebene befindlichen Aetherteilchen in der gleichen Schwingungsphase, so haben wir hier eine Wellenfront und senkrecht zu dieser Wellenfront schreitet ein Strahlenbündel in der Hauptrichtung fort. Auf einem gegenüberliegenden Schirm entsteht ein helles Bild des Spaltes. Wir betrachten nun ein anderes Strahlenbündel, das unter einem solchen Winkel gegen die Spaltebene ausfährt, daß der Wegunterschied zwischen dem ersten und dem letzten Strahl eine ganze Wellenlänge des homogenen Lichts beträgt. Fig. 81 und 82[a]. (Der Schirmabstand ist sehr

λ klein gegen d und somit a klein gegen L, α klein. Für L kann ohne Fehler der senkrecht gemessene Schirmabstand angenommen werden! Aendert sich der Winkel α nur sehr wenig, so löschen sich die roten Strahlen gegenseitig aus, wie folgende Ueberlegung ergibt: Hat das erste Bündel gegen das zweite nicht eine, sondern $1 + 1/100$ Wellenlänge Wegunterschied, so hat es gegen das dritte $2 + 2/100$, gegen das vierte $3 + 3/100 \ldots$, gegen das 51. $5 + 50/100 = 50^1/_2$ Wellenlängen, also ein ungerades Vielfaches einer halben Wellenlänge Gangunterschied. Das 51. Bündel löscht also dann das erste Bündel aus, das 52. das zweite usw.

Neben dem roten Spaltbild, und zwar näher der Mitte, da die Wellenlänge geringer ist, wird das gelbe Bild des Spaltes entstehen usw. Wir erhalten Spektren in symmetrischer Anordnung zum mittleren Bild: Violett innen, Rot außen. Außer diesen Spektren erster Ordnung entstehen in weiteren Abständen vom mittleren Spaltbild (für Wegunterschiede von zwei-, drei-, vierfacher Wellenlänge Gangunterschied zwischen den benachbarten Bündeln) Spektren höherer Ordnung, die jedoch immer lichtschwächer werden, und da sie in sich immer länger werden, sich teilweise überdecken.

Aus der Lage der Farben in den Spektren lassen sich die Wellenlängen der einzelnen Farben des Lichts in folgender Weise errechnen: Ist mit Fig. 83 d der Abstand zwischen zwei Spaltmitten, die Gitterkonstante, a der Abstand des betreffenden farbigen Spaltbildes im Spektrum erster Ordnung vom mittleren Bilde, L die Entfernung dieses Spaltbildes vom Gitter, λ die gesuchte Wellenlänge, so ist:

$$\sin \alpha = \frac{\lambda}{d} = \frac{a}{L} \text{ oder:}$$

$$\lambda = \frac{d \cdot a}{L} \quad \ldots\ldots\ldots\ldots \quad Gl.\ 32.$$

Je kleiner die Gitterkonstante d, desto größer wird a, desto genauer also die Messung. Rowland hat Gitter mit 1700 Strichen auf 1^{mm}, also $d = 1/1700^{mm}$ hergestellt. Die Messungen werden am genauesten bei Anwendung eines Spektrometers, Fig. 58^a, in dem man das Prisma durch ein Gitter ersetzt und den Ablenkungswinkel α mittels des Teilkreises abliest. Man hat jedoch besondere Interferenzspektrometer gebaut, mit denen die Resultate noch bedeutend genauer werden.

Auch im reflektierten Licht treten die Interferenzerscheinungen auf. Rowland stellte Reflexionsgitter auf zylindrischen Platten, sog. Konkavgitter her, in deren Brennebene von einem unendlich fernen Spalt scharfe Bilder ohne Hilfe von Linsen entstehen. Interferenzfarben im reflektierten Licht kann man z. B. am Perlmutter beobachten, dessen Oberfläche sehr fein gefurcht ist.

Durch die angedeuteten Versuche und Messungen ergaben sich folgende Werte der Wellenlängen für die wichtigsten Fraunhoferschen Linien. Die angegebenen Schwingungszahlen n ergeben sich aus Gl. 1 mit $c = 300\,000^{km/sec}$ = Lichtgeschwindigkeit im freien Aether (in dem ja alle Lichtarten gleich schnell fortschreiten). Die durch Beugung gewonnenen Spektren sind unabhängig von den wechselnden Dispersionsverhältnissen der verwendeten Glasprismen. Man nennt sie daher Normalspektren.

Fraunh. Linie	Wellenlänge millionteI mm	Schwingungen Billionen/sec	Fraunh. Linie	Wellenlänge milliontel mm	Schwingungen Billionen/sec
A	760,4	395	E	526,9	572
B	686,7	439	F	486,1	620
C	656,2	459	G	430,7	699
D_1 [1]	589,5	511	H	396,8	759
D_2 [1]	588,9	512	U	294,8	1018

[1]) Bei diesen genauen Messungen stellt sich heraus, daß das Natriumspektrum aus zwei sehr dicht beieinander liegenden Linien besteht.

VIII. Kapitel.

Polarisation.

Wir wissen, daß die Schwingungen der einzelnen Aetherteilchen in Ebenen erfolgen, die auf der Fortpflanzungsrichtung des Lichtstrahls senkrecht stehen (Kap. I § 1, 1). Innerhalb dieser Ebenen jedoch erfolgen im gewöhnlichen Licht die Schwingungen nach allen Richtungen. Durch die nachstehend beschriebenen Vorgänge wird das Licht polarisiert, d. h. die Bahnen der Aetherteilchen innerhalb der Schwingungsebenen unterliegen nun bestimmten Gesetzen. Wir unterscheiden: geradlinig polarisiertes Licht — in ihm liegen die Schwingungsbahnen alle in einer Ebene —, elliptisch und kreisförmig oder zirkular polarisiertes Licht (Kap. I, § 1, 5). Die Polarisationserscheinungen sind für die Anschauung entscheidend, daß das Licht auf Transversalschwingungen des Aethers beruhe, während die im Kap. VII besprochenen Interferenzerscheinungen sich auch durch Annahme longitudinaler Schwingungen erklären ließen.

§ 1. Geradlinige Polarisation durch Reflexion und Brechung. Bei der Reflexion an nichtmetallischen spiegelnden Flächen wird das Licht stets teilweise polarisiert. Ist bei der Reflexion an der Trennfläche zweier verschieden brechender Mittel der Einfallswinkel so beschaffen, daß der reflektierte Strahl auf dem gebrochenen senkrecht steht, so ist der reflektierte Strahl vollkommen, der gebrochene teilweise geradlinig polarisiert. Die Schwingungsebenen beider Strahlen stehen senkrecht aufeinander, Fig. 84[1]).

---

[1]) Die Darstellungsweise des Strahles LA soll hier und im folgenden für gewöhnliches unpolarisiertes Licht gelten. Sie gibt nicht etwa ein richtiges Bild der Schwingungsart!

Der Einfallswinkel p heißt Polarisationswinkel. In Fig. 84 ist Brechungsquotient

$$n = \frac{\sin p}{\sin b} = \frac{\sin p}{\cos p}, \text{ also:}$$

$$\mathit{tang}\; p = n \quad \ldots\ldots\ldots\ldots \quad \mathit{Gl.}\ 33.$$

Damit ergeben sich folgende Werte:

Material	Brechungsquotient n	Polarisationswinkel p°	Neigungswinkel α
Wasser	1,333	~ 53° 7′	36° 53′
Flintglas	1,963	63°	27°
Crownglas	1,52	56° 40′	33° 20′

Der geschilderte Vorgang kann auf folgende Weise gedeutet werden: Wir nehmen an, daß die Schwingungen in einem Lichtstrahl bei seinem Auftreffen auf das brechende Mittel in zwei zueinander senkrechte Komponenten zerlegt werden. Um eine bestimmte Vorstellung zu haben, nehmen wir mit der Fresnelschen Theorie an, daß die Schwingungen im reflektierten Strahl senkrecht zur Reflexionsebene L A R (Bildebene, Fig. 84) erfolgen, im gebrochenen Strahl dagegen in dieser selbst liegen. (Es sei jedoch bemerkt, daß auch die umgekehrte Anschauung verfochten worden ist.)

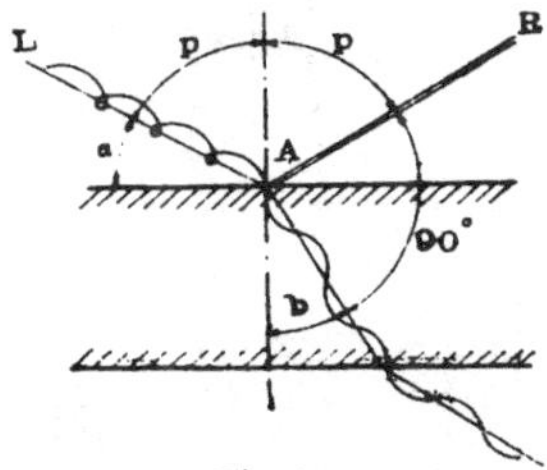

Fig. 84.

Da immer nur ein Teil des auffallenden Lichts reflektiert wird, so ist im gebrochenen Licht nur dessen Komponente polarisiert; alles andere Licht aber ist unpolarisiert. Läßt man jedoch die mit teilweiser Polarisation verbundene Brechung mehrfach erfolgen, so erhält man ziemlich vollständig polarisiertes Licht. Zu diesem Zwecke läßt man Licht unter dem Polarisationswinkel (gegen das Lot) auf einen Satz von etwa 20 planparallelen Glasplatten auffallen und hindurchgehen (Fig. 85).

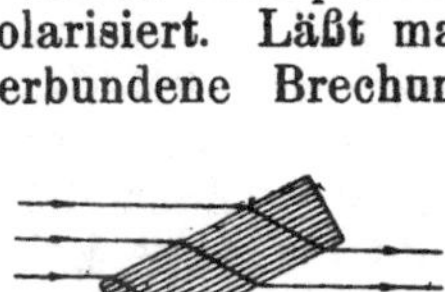
Fig. 85.

Trifft ein geradlinig polarisierter Lichtstrahl unter dem Polarisationswinkel auf einen zweiten Spiegel, dessen Reflexionsebene auf der Reflexionsebene des ersten Spiegels senkrecht steht, „kreuzen“ sich also die Spiegelebenen, so findet hier gar keine Reflexion statt. Der Lichtstrahl wird ausgelöscht (Kap. I § 1, 5). Fallen jedoch die Reflexionsebenen der beiden Spiegel zusammen, sind also die Spiegelebenen einander parallel, so wird das Licht vom zweiten Spiegel wie gewöhnliches Licht reflektiert. Bei allen andern Winkeln zwischen den Reflexionsebenen der Spiegel findet wieder eine Zerlegung des ankommenden polarisierten Lichts in zwei Komponenten statt, deren eine ausgelöscht wird. Die Intensität des übrigbleibenden reflektierten Lichts ist dem $\cos^2 v$ (v = Verdrehungswinkel von der Parallellage der Spiegel an gerechnet) proportional.

Fig. 86.

Diese Erscheinungen lassen sich mittels des Polarisationsapparates von Nörremberg (Fig. 86) zeigen. Er besteht aus dem Spiegel P aus unbelegtem Spiegelglas, dem Spiegel A aus schwarzem (nicht metallisch reflektierendem) Glas, die beide unter dem Polarisationswinkel gegen die Wagerechte geneigt sind (also auch zwischen den Einfallsloten und der Achse des Apparates finden sich die Polarisationswinkel), und dem wagerecht liegenden gewöhnlichen Spiegel S. Die von P nach S gehenden Strahlen sind geradlinig polarisiert, da sie unter dem Polarisationswinkel von P reflektiert werden. Sie werden von S in der Achsenrichtungdes Apparates zurückgeworfen und treffen — wieder unter dem Polarisationswinkel — auf den Spiegel A auf, der um die Achse des Apparates drehbar ist. Stehen die wagerechten Achsen der Spiegel P und A senkrecht aufeinander, so sieht das Auge kein Licht, sind sie parallel, so ist das Bildfeld am hellsten. Den Verdrehungswinkel v kann man an einer Kreisteilung ablesen, und es läßt sich die Aenderung der Lichtstärke mit dem $\cos^2 v$ zeigen. P heißt Polarisator, A Analysator. Für beide können statt der Spiegel auch Glasplattensätze Anwendung finden, was z. B. bei objektiver Darstellung mittels des Projektionsapparates oft geschieht. Der eigentliche Zweck dieser Polarisationsapparate wird aus § 3—5 hervorgehen.

§ 2. Polarisation durch Doppelbrechung. Fällt ein Lichtstrahl auf einen kristallinischen Körper von solchem Aufbau, daß die Lichtgeschwindigkeit in ihm nach verschiedenen Richtungen hin verschieden ist (und das ist bei allen Kristallen außer denen des unter 1. der nachstehenden Uebersicht genannten Systeme der Fall), so zerlegt sich der Strahl im allgemeinen in zwei Komponenten, die in rechtwinklig zueinander stehenden Ebenen polarisiert sind und verschieden stark gebrochen werden. Diese Erscheinung kann man z. B. an einem nicht zu dünnen Kalkspatkristall (Doppelspat!) beobachten, durch den man einen Gegenstand, z. B. einen Buchstaben, betrachtet: der Buchstabe erscheint doppelt. Die folgende Uebersicht läßt die optischen Eigenschaften der verschiedenen Kristallsysteme erkennen.

Kristallographische Bezeichnung und Beispiele	Achsenverhältnisse	Optische Eigenschaft
1. Reguläres oder tesserales System, z. B. Steinsalz.	Drei gleich lange und aufeinander senkrechte Achsen.	Einfache, nach allen Richtungen gleiche Brechung.
2. Quadratisches oder tetragonales System, z. B. Blutlaugensalz (positiv), arseniksaures Kali (negativ).	Zwei aufeinander senkrechte Nebenachsen und eine zu ihrer Ebene senkrechte längere oder kürzere Hauptachse.	Doppelbrechend. Optisch einachsig. Positiv, wenn die Hauptachse länger als die Nebenachsen; negativ, wenn sie kürzer ist.
3. Hexagonales System, z. B. Quarz (positiv, Fig. 87), Kalkspat (negativ, Fig. 88).	Drei gleich lange Nebenachsen unter 60° in einer Ebene sich schneidend. Senkrecht auf dieser eine längere oder kürzere Hauptachse.	
4. Rhombisches System, z. B. Aragonit, Topas.	Drei aufeinander rechtwinklige, aber ungleich lange Achsen.	Doppelbrechend. Optisch zweiachsig.
5. Monoklines System, z. B. Gips, Glimmer.	Zwei schiefwinklige Achsen. Auf ihrer Ebene rechtwinklig die dritte.	
6. Triklines System, z. B. Kaliumdichromat.	Alle drei Achsen schiefwinklig und ungleich lang.	

Wir betrachten zunächst die optisch einachsigen Kristalle 2. und 3. der Uebersicht. Ein parallel zur optischen Achse (die mit der Hauptachse des Kristalls identisch ist) durchgehender Strahl wird **nicht** doppelt gebrochen (s. unten). Hinsichtlich der in den anderen Richtungen wechselnden optischen Dichte herrscht die Regel: Je kürzer die Achse, desto größer die optische Dichte in ihrer Richtung. Damit ergibt die Anwendung des Huyghensschen Prinzips für die Brechung folgendes Bild: Schwingungen, die in zur optischen Achse senkrechten Ebenen erfolgen (in denen wegen der Gleichheit der Nebenachsen die optische Dichte nach allen Richtungen die gleiche ist), breiten sich wie die eines gewöhnlichen Lichtstrahls nach allen Richtungen kugelartig aus. Solche Schwingungen herrschen in einer der beiden Komponenten eines auffallenden Lichtstrahls, die wir als **ordentlichen** Strahl o. bezeichnen. Sein Weg ergibt sich wie für jeden gewöhnlichen Lichtstrahl aus der in Fig. 31 bzw. 32 gegebenen Konstruktion (Fig. 87 und 88). Seine Schwingungen erfolgen senkrecht zur Bildebene, also

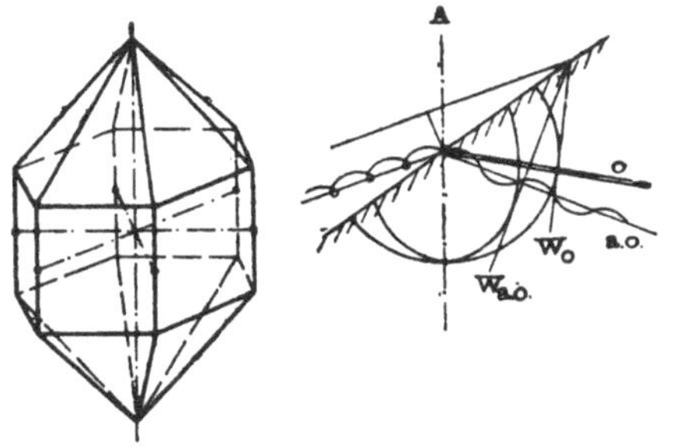

Fig. 87.

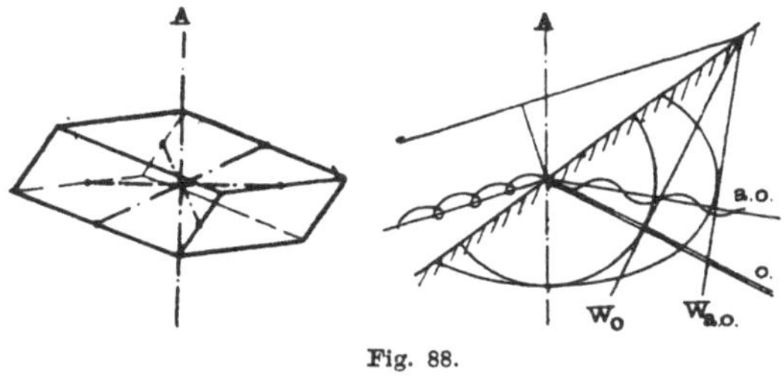

Fig. 88.

auch zu der in dieser Ebene liegenden optischen Achse A. Die senkrecht zur Schwingungsrichtung des ordentlichen Strahls, also in der Bildebene (Fig. 87 und 88) erfolgenden Schwingungen der zweiten Komponente, des **außerordentlichen** Strahls a.o., breiten sich nicht auf Kugeloberflächen, sondern auf den Oberflächen von Rotationsellipsoiden aus, die die Kugeloberfläche des ordentlichen Strahls in der optischen Achse (der Hauptachse) berühren, und zwar von innen, wenn diese länger ist als die Nebenachsen (bei optisch positiven Kristallen, Fig. 87), von außen, wenn die Hauptachse kürzer ist (bei optisch negativen Kristallen, Fig. 88). In Fig. 87 und 88 sind die entsprechenden Konstruktionen angedeutet; es sind jedoch nur die größten Kugeln bzw. Ellipsoide gezeichnet (s. dazu Fig. 32). Senkrecht zu den einhüllenden Wellenfronten Wo. und Wa.o. schreiten ordentlicher und außerordentlicher Strahl fort. Aus Fig. 87 und 88 ist nun auch zu erkennen, daß ein in Richtung der optischen Achse durchgehender Strahl keine Doppelbrechung erfährt.

Die Brechungsquotienten im Kalkspat sind: ordentlicher Strahl n = 1,6585, außerordentlicher Strahl zwischen n = 1,6585 (wenn der Strahl in Richtung der optischen Achse verläuft) und 1,4865 (wenn der Strahl senkrecht zur optischen Achse verläuft).

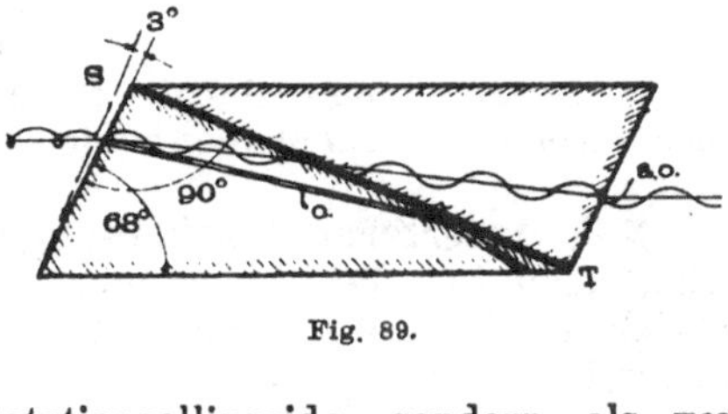

Fig. 89.

Bei den optisch zweiachsigen Kristallen (4.—6. der Uebersicht) erscheinen die Wellenflächen nicht mehr als Kugeln oder Rotationsellipsoide, sondern als verwickeltere zweischalige Fläche, die in zwei Punktpaaren zusammenhängt. Die Verbindungslinien dieser Punktpaare, die optischen Achsen, haben eine ähnliche Bedeutung wie die Hauptachsen unter 2. und 3. der Uebersicht. Bei den optisch zweiachsigen Kristallen folgt im allgemeinen weder der ordentliche noch der außerordentliche Strahl dem allgemeinen Brechungsgesetz.

Einfach geradlinig polarisiertes Licht erhält man durch Doppelbrechung im Nicolschen Prisma (Fig. 89). Die punktierten natürlichen Begrenzungsflächen eines Kalkspatprismas sind zunächst nach Fig. 89 abgeschliffen. Der Kristall wird dann in der Ebene ST auseinandergeschnitten und poliert und wird dann mit Kanadabalsam (n = 1,54) in der Schnittebene wieder zusammengekittet. Der ordentliche Strahl wird an der Kittfläche total reflektiert und von der geschwärzten Wand der Fassung absorbiert. Der außerordentliche Strahl geht nahezu ungebrochen hindurch. Gegen geradlinig polarisiertes Licht verhält sich das Nicolsche Prisma so wie der Spiegel A in Fig. 86. Zwei Nicols hintereinander wirken also wie Polarisator und Analysator. Sind die Kittebenen beider einander parallel, so geht das vom Polarisator kommende Licht ungeschwächt durch den Analysator hindurch. Dreht man den letzteren, so nimmt die Intensität mit dem $\cos^2 v$ ($v =$ Drehungswinkel) ab. Wird $v = 90^0$ (Nicols „gekreuzt"), so wird alles Licht ausgelöscht.

Eine Turmalinplatte, die senkrecht zur optischen Achse planparallel geschliffen ist, hat die Eigenschaft, den ordentlichen Strahl vollkommen zu absorbieren, läßt also nur den geradlinig polarisierten außerordentlichen Strahl hindurch. Zwei solche Turmalinplatten werden hintereinander drehbar in der Turmalinzange (Fig. 90) vereinigt und bilden so einen einfachen Polarisationsapparat. Der Zweck solcher Apparate geht aus den beiden folgenden Paragraphen hervor.

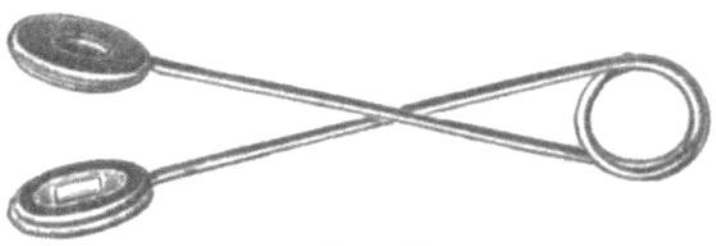

Fig. 90.

§ 3. Interferenzerscheinungen im polarisierten Licht. Bringt man zwischen Polarisator und Analysator eines der beschriebenen Polarisationsapparate (z. B. auf den Ringtisch R des Nörrembergschen Apparates [Fig. 86] oder zwischen Nicolsche Prismen) eine dünne Platte einer doppeltbrechenden Substanz, so zeigt das aus dem Analysator austretende Licht unter Umständen farbige Veränderungen. Diese Erscheinung heißt chromatische Polarisation. Legen wir die Kristallplatte so, daß eine ihrer Schwingungsebenen (die des ordentlichen oder die des außerordentlichen Strahls) mit der Schwingungsebene des vom Polarisator kommenden weißen geradlinig polarisierten Lichts zusammenfällt, so ändert sich bei der Drehung des Analysators das Bildfeld so, als wäre die Kristallplatte nicht vorhanden. Drehen wir jedoch nun, nachdem wir Polarisator und Analysator gekreuzt, d. h. das Bildfeld verdunkelt haben, die Kristallplatte um die Achse des Apparates herum, so erscheint das Bildfeld, und zwar gleichmäßig gefärbt. Es wird am hellsten, wenn der Drehungswinkel 45^0 ist und verschwindet wieder, wenn der Winkel 90^0 geworden ist, wird also bei einer ganzen Umdrehung des Kristalls viermal farbig hell und wieder dunkel. Stellen wir Polarisator und Analysator parallel, so zeigt sich bei der Drehung des Kristallplättchens in gleicher Weise Wechsel zwischen der zur ersten komplementären Farbe und hell (weiß).

Die Erscheinungen erklären sich so: Fällt die Schwingungsebene AB, Fig. 91 (in Fig. 91 steht die Strahlrichtung senkrecht zur Bildebene!), des vom Polarisator kommenden Lichts mit keiner der beiden Schwingungsebenen im Kristall zusammen, so wird es hier in zwei aufeinander senkrechte Komponenten CD und EF zerlegt, die den Kristall mit verschiedener Geschwindigkeit durchschreiten. Durch den Analysator wird nun jede Komponente abermals in zwei Komponenten GH und IK, LM und NO zerlegt, die paarweise in die Schwingungsebene des Analysators und die dazu senkrechte Ebene fallen. Das in die letztere Ebene fallende Komponentenpaar wird ausgelöscht, das andere gelangt zusammenwirkend ins Auge. (Die Zusammensetzung und Zerlegung erfolgt wie die der Kräfte und die der Bewegungen, s. Mech. Kap. IV § 4.) Die beiden Komponenten im Kristall haben nun infolge ihrer verschiedenen Geschwindigkeit in diesem einen Phasenunterschied erlitten, der ein ungerades Vielfaches irgendeiner halben Wellenlänge ausmacht. Bei der nachfolgenden Zusammensetzung im Analysator wird die entsprechende Farbe durch Interferenzwirkung ausgelöscht, und es bleibt die Komplementärfarbe übrig. Die Art der Farbe ist von der Dicke der Kristallplatte abhängig. Da alle vier Komponenten, die auf den Analysator auftreffen (s. oben!), zusammen weißes Licht ergeben müssen, so muß nach der Drehung des Analysators um 90° die Farbe erscheinen, die vorher an Weiß fehlte, d. h. die Komplementärfarbe des zuerst beobachteten Lichts.

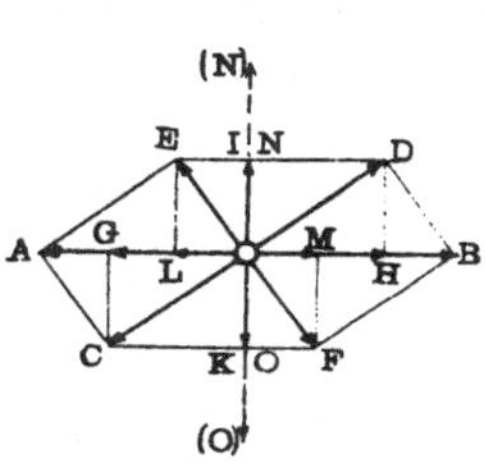

Fig. 91.

Aehnliche Interferenzerscheinungen im polarisierten Licht zeigen auch manche organische Substanzen, z. B. Horn und Federkiele. Besonders eigenartig zeigen sie sich bei schnell gekühlten oder mittels einer Schraubzwinge zusammengepreßten Gläsern. Hier erscheint das Bildfeld jedoch nicht gleichmäßig gefärbt, sondern die Färbung ist mit der Spannung und der von ihr abhängigen optischen Dichte von Punkt zu Punkt veränderlich. Darauf beruht die Untersuchung von Gläsern auf innere Spannungen und ein Verfahren, die Spannungsverhältnisse in belasteten durchsichtigen Versuchskörpern sichtbar zu machen (Croker, Engineering 1911, S. 1 ff. und S. 531 ff.).

Läßt man das vom Polarisator kommende Licht kegelförmig, d. h. konvergent oder divergent durch dickere Kristallplatten hindurchgehen, so zeigen sich nach dem Durchgang durch den Analysator farbige Interferenzringe oder Kurven, die von

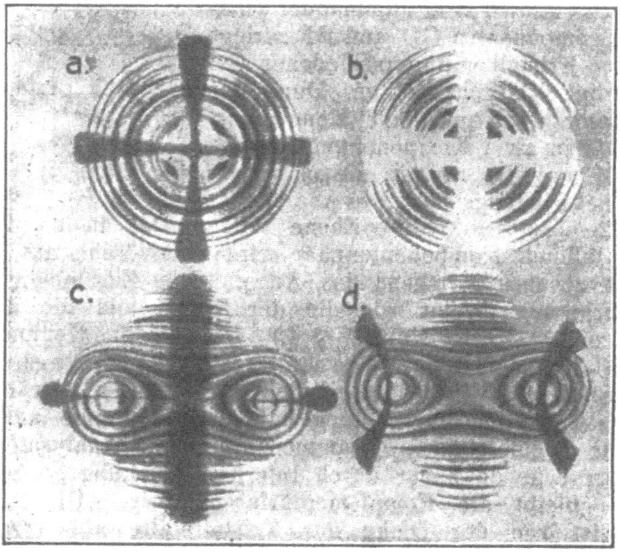

Fig. 92 a—d.

dunkeln oder hellen Linien durchzogen sind. Die Erscheinungen sind verschieden für optisch einachsige (Fig. 92 a, b) und optisch zweiachsige (Fig. 92 c, d) Kristalle und dienen zu deren Unterscheidung. Fig. 92 a, b Kalkspat, senkrecht zur optischen Achse geschliffen. a: Nicols 90° gekreuzt, b: Nicols parallel. Fig. 92 c, d Aragonit. c: Nicols 90° gekreuzt, d: Nicols 45° gekreuzt. Die Kurven sind geometrische Oerter von Punkten gleichen Gangunterschiedes, dessen Wechsel durch verschiedene Neigungswinkel der hindurchgehenden Strahlen bedingt wird.

Dreht man den Analysator um 90°, so erscheinen die farbigen Ringe komplementär gefärbt, vorher dunkle Linien werden hell und umgekehrt. Die Erscheinungen sind je nach der Achsenrichtung in den Kristallplatten verschieden. Zu den Untersuchungen kleiner Kristalle bedient man sich des Polarisationsmikroskops, dessen Polarisator und Analysator (Nicols) einzeln und bei manchen Ausführungen gleichzeitig gedreht werden können.

§ 4. Elliptische und kreisförmige Polarisation. Im Kap. I § 1, 5 erkannten wir, daß zwei geradlinige Schwingungen von gleicher Intensität, die mit $^1/_4$ Wellenlänge Phasendifferenz aufeinander treffen, sich zu einer kreisförmig polarisierten Schwingung zusammensetzen. Diesen Vorgang können wir mit geradlinig polarisiertem Licht verwirklichen, wenn wir zwischen Polarisator und Analysator Plättchen eines doppelbrechenden Kristalles so legen, daß seine Schwingungsebenen gegen die des Polarisators Winkel von 45° einschließen, daß also die Intensität der beiden Komponenten gleich wird und wenn die Dicke des Plättchens einen Gangunterschied von $^1/_4$ Wellenlänge zwischen den beiden Komponenten bedingt. Ein Glimmerplättchen läßt sich leicht so spalten, daß die letztere Bedingung erfüllt ist, freilich genau nur für eine Farbe, so daß das weiße Licht nicht vollkommen kreisförmig polarisiert wird. Kreisförmig polarisiertes Licht verhält sich nun, da es nach allen Seiten gleiche Eigenschaften hat, wie gewöhnliches Licht, so daß die Drehung des Analysators keinerlei Wirkung zeigt. Sind die genannten Winkel nicht 45°, so entsteht hier elliptisch polarisiertes Licht, sind sie 0 bzw. 90°, so entsteht geradlinig polarisiertes Licht.

Legen wir ein Plättchen von der genannten Eigenschaft, ein „Viertelwellenplättchen“, auf den Spiegel S des Nörrembergschen Apparates Fig. 86, was eine Verdoppelung seiner Dicke und des Gangunterschiedes entspricht, so tritt bei richtiger Lage der Schwingungsebenen die im § 3 geschilderte Interferenzwirkung auf: es erscheinen bei der Drehung des Analysators abwechselnd zwei Komplementärfarben.

Elliptisch polarisiertes Licht entsteht auch bei der Reflexion an stark brechenden Mitteln, besonders an Metallen und bei der Totalreflexion. Durch mehrfache Totalreflexion erhält man kreisförmig polarisiertes Licht.

Um diese Schwingungsarten zu erkennen, schaltet man den Babinetschen Kompensator ein, Fig. 93. Er besteht aus zwei Quarzkeilen, deren optische Achsen wie in Fig. 93 angedeutet liegen (1 senkrecht zur Bildebene, 2 in dieser). In dem einen Keil pflanzt sich also von den beiden Strahlen (den beiden rechtwinklig aufeinander stehenden Komponenten), in die das eintretende Licht zerlegt wird, der ordentliche schneller fort, in dem andern der außerordentliche. Indem man die Keile gegeneinander mit Hilfe eines Mikrometers in der Pfeilrichtung verschiebt, kann man die daraus resultierende Phasendifferenz genau meßbar so ändern, daß das austretende Licht geradlinig polarisiert ist und als solches bestimmbar wird. Der Kompensator kann auch zur Erzeugung elliptisch und kreisförmig polarisierten Lichts benutzt werden.

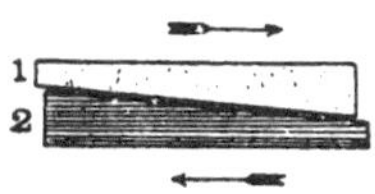

Fig. 93.

§ 5. Drehung der Polarisationsebene. Wir lassen einfarbiges Licht durch einen Polarisationsapparat hindurchgehen und kreuzen Polarisator und Analysator, so daß das Bildfeld dunkel ist. Bringen wir nun eine rechtwinklig zur optischen Achse geschliffene Quarzplatte zwischen Polarisator und Analysator, so erscheint das Bildfeld hell, und wir müssen den Analysator erst um einen bestimmten Winkel drehen, um es wieder dunkel zu machen. Die Quarzplatte hat also eine Drehung der Ebene des geradlinig polarisierten Lichts bewirkt. Bei Verwendung weißen Lichts wird durch die Einführung der Quarzplatte das Bildfeld gefärbt, und die Farbe ändert sich beim Drehen des Analysators in der aus dem Spektrum bekannten Reihenfolge (Rotationsdispersion). Zerlegt man das aus dem Analysator austretende Licht durch ein Prisma, so wandert während der Drehung ein dunkler Streifen durch das entstandene Spektrum. Die jeweilig fehlende Farbe wurde vom Analysator ausgelöscht, und das aus ihm austretende Licht zeigt unzerlegt die Komplementärfarbe. Dreht man die Quarzplatte, so zeigt sich keine Veränderung. Die Erscheinung ist also ganz anderer Natur als die, welche wir im § 3 kennen lernten und wie sie z. B. auch bei parallel zur optischen Achse geschliffenen Quarzplatten auftreten. Die Größe des Drehungswinkels ist der Dicke der drehenden Quarzplatte proportional. Eine Platte von 1^{mm} Dicke bringt folgende Drehungen hervor:

Fraunhofersche Linie	B	C	D	E	F	G
Drehungswinkel °	15,30	17,24	21,67	27,46	32,50	42,20

Die geschilderte Erscheinung zeigt sich außer bei manchen Kristallen auch bei gewissen Flüssigkeiten, z. B. Terpentinöl, Lösung von Rohrzucker. Hier ist die Größe des Drehungswinkels außer der Länge (Dicke) der durchlaufenen Schicht auch der Konzentration proportional. Darauf beruht z. B. die Anwendung des unten besprochenen Saccharometers. Je nach der Drehungsrichtung solcher „optisch aktiver Stoffe" unterscheidet man rechtsdrehende und linksdrehende Substanzen. Es gibt rechtsdrehende und linksdrehende Quarzplatten.

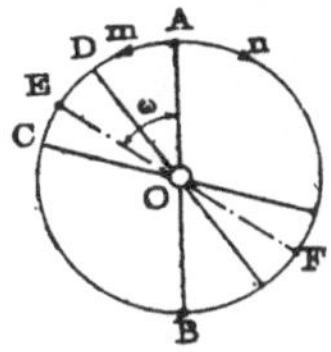

Fig. 94.

Die geschilderte Erscheinung läßt sich nicht durch einfache Analogie mit Schlauchschwingungen erklären. Wir müssen uns nach Fresnel vorstellen, daß die in der Ebene AB Fig. 94 (Strahlrichtung senkrecht zur Bildebene) erfolgenden Schwingungen des polarisierten Strahles sich beim Eintritt in die drehende Substanz in zwei entgegengesetzt rotierende kreisförmige Schwingungen m und n zerlegen, die sich mit ungleicher Geschwindigkeit (ungleicher „Ganghöhe" des Schraubenganges Kap. I § 1, 5) durch die Platte hindurch fortpflanzen. Am Austritt bei C und D setzen sich die beiden Kreisschwingungen wieder zu einer geradlinigen Schwingung EF zusammen, deren Schwingungsebene sich durch die Halbierende OE des Winkels COD ergibt. $\sphericalangle \omega = AOE$ ist der Drehungswinkel der Platte für die betreffende Wellenlänge. Aendert sich diese, so ändert sich mit den Geschwindigkeitsverhältnissen von m und n auch der Drehungswinkel. Je nachdem, ob der eine oder der andere der beiden Strahlen schneller fortschreitet, wirkt die Platte rechts- oder linksdrehend.

Zur Untersuchung von Zuckerlösungen usw. auf ihre Konzentration dient heute meistens der Halbschattenapparat Fig. 95[a, b]. Das Bildfeld ist im Polarisator P Fig. 95[b] dadurch in zwei Hälften geteilt, daß vor der einen Hälfte des Nicols N_1 sich ein zweiter N_2 befindet. or und ol Fig. 96 sind die Schwingungsrichtungen in den beiden Feldern. Der Winkel zwischen beiden ε kann durch Drehung von N_1 (Hebel h Fig. 95a) etwas verändert werden. Gibt man der Schwingungsebene oa des Analysators die zu ol senkrechte Richtung, so ist das linke,

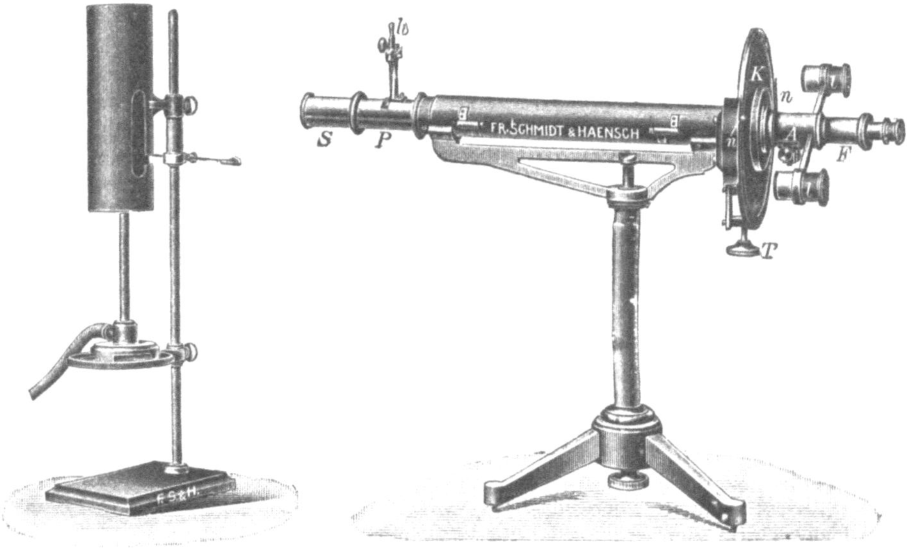

Fig. 95a.

nach der Drehung um ε das rechte Bildfeld dunkel. Innerhalb des kleinen Winkels ε gibt es also eine Lage, wo beide Bildfeldhälften gleich hell sind, also die Trennlinie verschwindet. Auf diese Lage wird zweimal — mit und ohne zwischengelegte

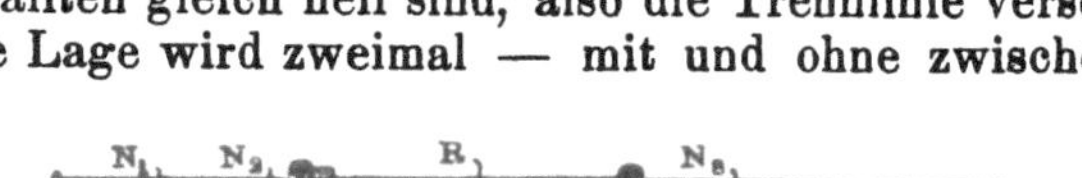

Fig. 95b.

Röhre R mit Zuckerlösung — eingestellt und der zwischen beiden Lagen sich findende Drehungswinkel mit Hilfe der Ableselupen am Teilkreis ermittelt. Aus der Länge der Röhre und dem Drehungswinkel folgt dann empirisch die Konzentration der Lösung. Da die Temperatur einen Einfluß auf die

Drehungsfähigkeit hat, so sind Apparate mit Vorrichtung zur Konstanthaltung der Temperatur im Gebrauch.

In manchen Instrumenten bedient man sich des **Rotationskompensators** Fig. 97, der nicht mit dem Babinetschen Kompensator Fig. 93 verwechselt werden darf! Hier haben wir eine rechtsdrehende Quarzplatte 1 und eine linksdrehende Quarzplatte, die aus den beiden Keilen 2 und 3 besteht. In allen Teilen liegt die optische Achse in der Bildebene Fig. 97, wie gezeichnet. Durch Verschieben der Keile 2 und 3 in der Pfeilrichtung wird die untere Platte dicker, und damit wächst der Einfluß der Linksdrehung. Durch meßbare Verschiebung von 2 und 3 läßt sich z. B. die durch Zuckerlösung hervorgerufene Drehung kompensieren und ermitteln.

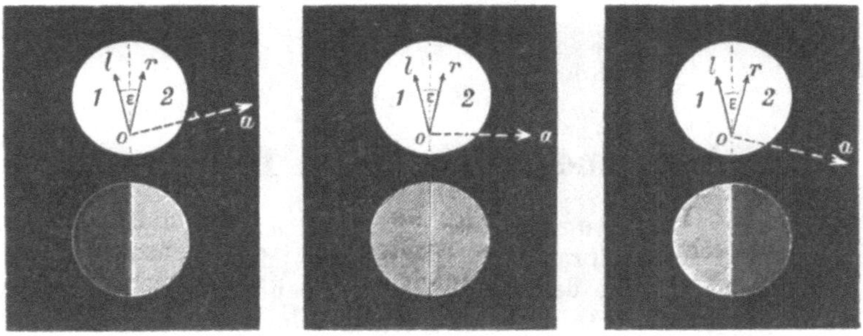

Fig. 96.

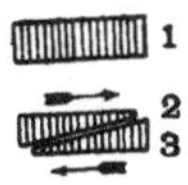

Fig. 97

Einen überaus interessanten Zusammenhang zwischen Licht und Magnetismus entdeckte **Faraday**: Einfach brechende durchsichtige Substanzen drehen: die Schwingungsebene polarisierten Lichts, wenn man einen starken magnetischen Kraftlinienfluß in Richtung der Lichtstrahlen auf diese während des Durchgangs durch die Substanz einwirken läßt. Später entdeckte **Zeeman** (1896), daß durch die Einwirkung magnetischer Kraftlinien schon die in den leuchtenden Flammen erfolgenden Lichtschwingungen gewissen Polarisationszuständen unterworfen werden. Damit ergaben sich für die elektromagnetische Lichttheorie ganz neue bedeutende Erfolge und Aussichten.

IX. Kapitel.

Das Auge und die optischen Instrumente.

§ 1. Das Auge. Fig. 98 zeigt einen maßstäblichen Horizontalschnitt durch das rechte Auge des Menschen. Die äußerste der Hüllen des Augapfels ist die undurchsichtige feste Sehnenhaut S. An ihrem vorderen Teile ist sie durchsichtig und stärker gekrümmt und heißt hier Hornhaut (H). In der Sehnenhaut liegt die Aderhaut A, die zum Teil aus Blutgefäßen besteht und mit schwarzem Farbstoff bedeckt ist. Nach vorn geht die Aderhaut in die Regenbogenhaut oder Iris R über, deren kreisförmige Oeffnung, die Pupille, je nach der geringeren oder größeren Helligkeit des betrachteten Gegenstandes durch Muskeln weiter oder enger gemacht werden kann. In der Aderhaut liegt die Netzhaut N, im wesentlichen eine Ausbreitung des bei B eintretenden Sehnervs. Hinter der Iris befindet sich die Kristallinse L, eine bikonvexe Linse, deren Krümmungen durch den umschließenden Muskelring M verändert werden können. Zwischen Hornhaut und Kristallinse befindet sich die wässerige Flüssigkeit, in dem Raum zwischen Kristallinse und Netzhaut der Glaskörper. Die Kristallinse selbst wirkt stärker brechend als diese beiden durchsichtigen Substanzen. Das ganze optische System entwirft auf der als Schirm wirkenden Netzhaut ein umgekehrtes verkleinertes reelles Bild des betrachteten Gegenstandes.

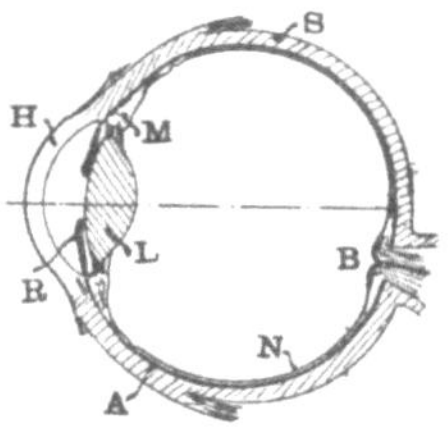

Fig. 98.

Die Netzhaut ist überaus fein organisiert. In ihrer äußersten Schicht finden sich kleine zylindrische und kegelförmige Körperchen, die Stäbchen und die Zapfen. Die

Stäbchen, deren es schätzungsweise in jedem Auge 130 Millionen gibt, dienen zur Wahrnehmung des Lichts im Dunkeln. Sie sind für Farbenunterschiede unempfindlich. Die etwa sieben Millionen Zapfen vermitteln uns die Empfindung der Farben. Da, wo die Netzhaut von der optischen Achse des Auges, der Sehachse getroffen wird, ist die Netzhaut etwas vertieft und enthält hier nur Zapfen in dichter Anhäufung. Auf diese Stelle fällt das Bild eines Gegenstandes, den wir genau betrachten. Die Eintrittsstelle des Sehnerven enthält keine Stäbchen und Zapfen. Hier ist der blinde Fleck. Wenn man mit dem rechten Auge (linkes Auge geschlossen!) das kleine Kreuz Fig. 99 genau betrachtet, so sieht man in bestimmtem Abstand des Buches vom Auge den großen Kreis nicht, da sein Bild auf den blinden Fleck fällt.

Fig. 99.

Die Fähigkeit des Auges, durch Veränderung der Kristalllinsenkrümmungen, also der Brennweite des ganzen Systems, von Gegenständen in verschiedener Entfernung auf der Netzhaut scharfe Bilder zu erzeugen, heißt Akkommodationsvermögen. Normale oder emmetropische Augen können auf alle Entfernungen von unendlich bis zum sog. Nahepunkt (ca. 12^{cm}) akkommodieren. Am deutlichsten sehen solche Augen Gegenstände im Abstand 25^{cm} vom Auge, der deutlichen Sehweite. Kurzsichtige (myopische) Augen, deren Augenachse zu lang ist, so daß das Bild eines weiter entfernten Gegenstandes vor der Netzhaut entsteht, vermögen aus diesem Grunde nur auf Gegenstände in geringer Entfernung zu akkommodieren (Fig. 100^{a}). Bei ihnen sind auch die deutliche Sehweite und der Abstand des Nahepunktes kleiner als bei normalen Augen. Hier wird durch Vorsetzen einer Zerstreuungslinse die Gesamtbrennweite des Augenlinsensystems vergrößert (Fig. 100^{b}). Beim übersichtigen (hyperopischen) und weitsichtigen (presbyopischen) Auge entstehen die Bilder hinter der Netzhaut. Durch Vorsetzen einer Sammellinse wird die Brennweite des Gesamtsystems verringert und der Fehler korrigiert (Fig. 101[a, b]). Weitsichtigkeit beruht auf der Abnahme der Linsenwölbung mit zunehmendem Alter, so daß auf nahe Gegenstände nicht mehr scharf akkommodiert werden kann. Häufig sind die Krümmungsradien des Augenlinsensystems in verschiedenen Schnitten verschieden, so daß der Fehler des Astigmatismus entsteht (Kap. IV § 5 Fig. 55). Diesem Fehler wird durch vorgesetzte zylindrische Linsen abgeholfen. Chromatische Aberration tritt beim akkommodierten Auge nicht auf. Dagegen werden punktförmige Gegenstände nicht genau als Punkte abgebildet, sondern als kleine Zerstreuungskreise. Darauf beruht die Erscheinung der Irradiation, daß nämlich helle Flächen größer erscheinen als gleich große dunkle Flächen. Die Empfindung eines Lichteindruckes überdauert dessen wahre Wirkungszeit um einen

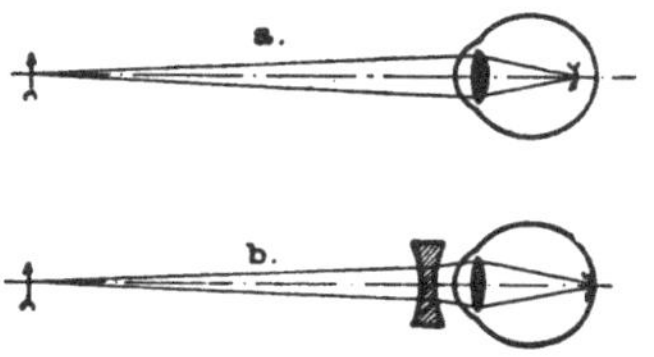

Fig. 100 a b

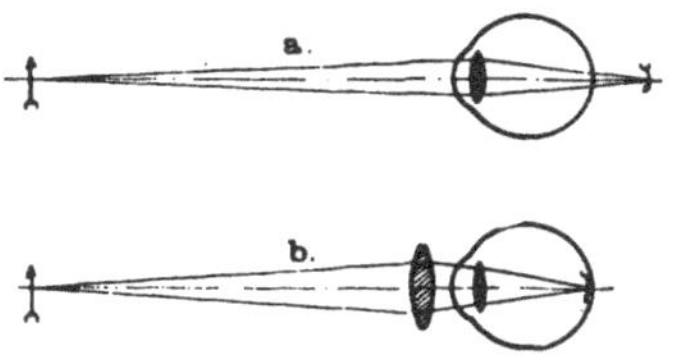

Fig. 101 a, b.

Bruchteil einer Sekunde. Von dieser Erscheinung wird z. B. bei der Messung der Lichtgeschwindigkeit nach Fizeau und Foucoult Gebrauch gemacht (Kap. I § 3). Ferner beruht darauf der Kinematograph. Hier wirkt das einzelne Bild etwa $^1/_{20}$ bis $^1/_{50}{}^{sec}$ auf das Auge ein, so daß infolge der Nachwirkung im Auge die Bilder scheinbar ineinander übergehen. Auf die optischen Täuschungen, die größtenteils auf psychologische Einflüsse zurückzuführen sind, kann hier nicht näher eingegangen werden.

§ 2. Die Lupe und das Mikroskop. Wir schätzen die Größe eines Gegenstandes nach dem Winkel, den die vom Gegenstande kommenden Randstrahlen mit dem Auge als Scheitelpunkt gegeneinander einschließen. Dieser Sehwinkel wird um so größer, je näher der Gegenstand dem Auge rückt. Da wir diesseits des Nahepunktes befindliche Gegenstände jedoch nicht mehr scharf sehen können, bedienen wir uns einer

L u p e, das ist eine Sammellinse, die ein aufrechtes, scheinbares vergrößertes Bild des betrachteten Gegenstandes in einem Abstand vom Auge gleich der deutlichen Sehweite hervorbringt. Die Wirkungsweise der Lupe ist durch Fig. 49 gegeben. Nehmen wir an, es sei $f = 3^{cm}$, $b = -25^{cm}$, dann ergibt sich aus Gl. 20^a:

$$\frac{1}{g} - \frac{1}{25} = \frac{1}{3}; \quad \frac{1}{g} = \frac{3+25}{75}; \quad g = \frac{75}{28} = \sim 2{,}68^{cm}.$$

Die Vergrößerung ist:

$$V = \frac{y_b}{y_g} = \frac{25}{75/28} = 9\,{}^1/_3 \text{ fach},$$

d. h. mit der Lupe sieht man den Gegenstand $9\,{}^1/_3$ mal so groß, als wenn er ohne Lupe im Abstande der deutlichen Sehweite betrachtet würde. Da die Vergrößerung mit dem Werte b zunimmt, so sieht ein Weitsichtiger einen Gegenstand größer, ein Kurzsichtiger kleiner als ein Normalsichtiger. g ist nahezu gleich der Brennweite f, und zwar um so genauer, je kleiner f wird, wie ein Vergleich zeigen soll: Es sei $f = 1^{cm}$, $b = -25^{cm}$, dann ist:

$$\frac{1}{g} = \frac{1+25}{25}; \quad g = \frac{25}{26} \sim = 1; \quad V = \frac{25}{25/26} = 26 \text{ fach}.$$

Mit abnehmender Größe von f und g ergibt sich also auch eine Zunahme der Vergrößerung. Zur Erzielung kleiner Brennweiten müssen wir stark brechende Linsen mit kleinen Krümmungsradien verwenden. Damit kommen wir bei Verwendung einfacher Linsen bald an der Grenze an, die durch die Rücksicht auf chromatische und sphärische Aberration gegeben ist. Für stärkere Vergrößerungen bedient man sich daher mehrerer Linsen, die dicht hintereinander gesetzt werden, so daß ihre Brennweite sich aus Gl. 21 ergibt (Fraunhofersche Lupe).

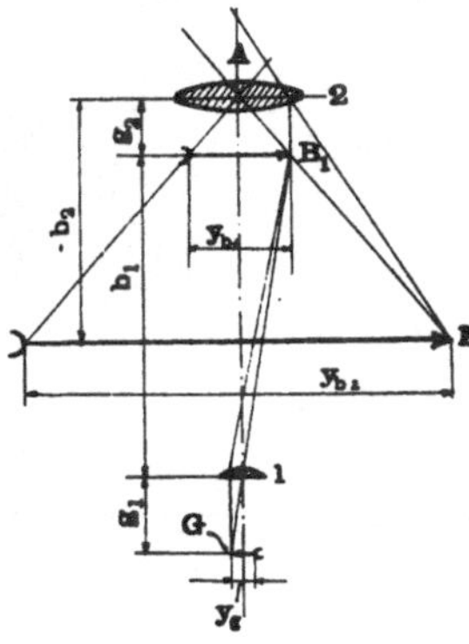

Fig. 102.

Das M i k r o s k o p Fig. 102 besteht aus zwei getrennten Systemen von Sammellinsen. Das Objektivsystem 1, das hier durch eine einfache Sammellinse dargestellt ist, erzeugt von dem Objekt G ein umgekehrtes reelles vergrößertes Bild B_1,

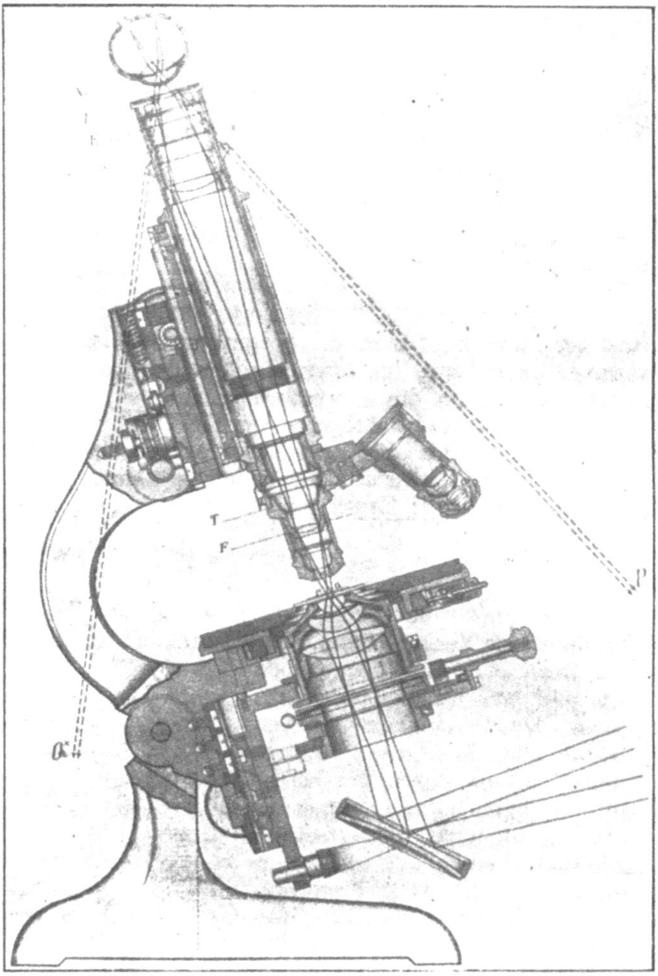

Fig. 103 a.

das wir durch das Okular (die Lupe) 2 so betrachten, daß es in der deutlichen Sehweite — b_2 erscheint. Die Gesamtvergrößerung ist:

$$V = \frac{y_{b_1}}{y_g} \cdot \frac{y_{b_2}}{y_{b_1}} = \frac{y_{b_2}}{y_g}$$

$$V = V_1 \cdot V_2 \quad \text{Gl. 34}$$

wie sich aus der Figur ergibt. Es seien die Brennweiten: $f_1 = 0{,}8^{cm}$; $f_2 = 3^{cm}$ (s. das Beispiel der Lupe oben!). Das Rohr des Mikroskops sei so lang, daß $b_1 = 18^{cm}$ werden muß, damit das reelle Bild durch die Lupe betrachtet werden kann. Dann ergibt sich aus Gl. 20a:

$$\frac{1}{g} + \frac{1}{18} = \frac{1}{0{,}8}; \quad g = \sim 0{,}84; \quad V_1 = \frac{18}{0{,}84} = 21{,}4.$$

Somit gemäß Gl. 34: $V = 21{,}4 \cdot 9^1/_8 = 199{,}7$ fach $= \sim$ **200fach.**

Die Systeme 1 und 2 bestehen, wie erwähnt, aus mehreren Einzellinsen. Beiden Systemen liegen verschiedene Anforderungen zugrunde: Das Objektiv 1 muß ein in der Nähe der Achse liegendes kleines Flächenstück mittels weitgeöffneter Strahlenbündel aplanatisch abbilden, muß also der Sinusbedingung genügen (Kap. IV § 5, Abbildungsfehler!). Das Okular dagegen muß das ausgedehnte Objektivbild mittels enger Strahlenbündel abbilden, muß also anastigmatisch sein und der Tangentenbedingung genügen (s. ebendort!). Beide Systeme müssen achromatisch sein. In der Teilung der optischen Anforderungen, die durch ein einzelnes System nicht gleichzeitig zu erfüllen wären, ist die Ueberlegenheit des Mikroskops gegenüber der Lupe begründet.

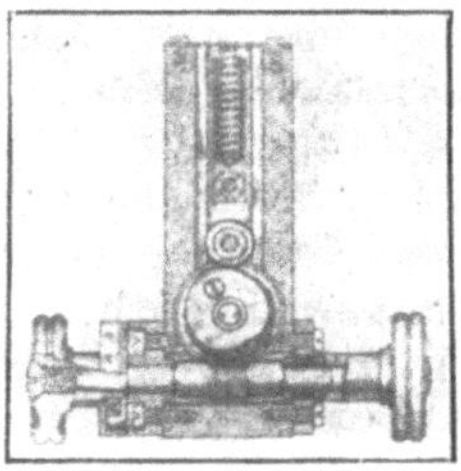

Fig. 103b.

Um den wahren Strahlengang zu überschauen, müssen wir auch den aus Spiegel und Kondensorlinsensystem bestehenden Beleuchtungsapparat und die Mitwirkung des Auges berücksichtigen. Fig. 103[a, b] läßt den ganzen Strahlengang erkennen und zeigt außerdem einige konstruktive Einzelheiten des Instruments, die aus Fig. 104 noch einmal erkennbar werden (Ausführung von Leitz, Wetzlar). Das hier verwendete Huyghenssche Okular besteht aus zwei Linsen, deren untere noch zum Objektiv gerechnet werden kann, da sie zur Erzeugung des reellen Bildes beiträgt, das wir mittels der oberen sog.

Augenlinse des Okulars als Lupe betrachten. Jenes Bild liegt in der Brennebene der Augenlinse, so daß die austretenden Strahlen parallel laufen und erst durch das Linsensystem des Auges selbst auf der Netzhaut zu einem reellen Bilde vereinigt werden, wenn wir auf Unendlich akkommodieren. Wir empfinden dann das Bild als im Abstand der deutlichen Sehweite liegend. In der Ebene des reellen Bildes im Okular befindet sich eine Blende, die das Bildfeld begrenzt. Die engste Stelle des Strahlenbündels vor der Augenlinse, der sog. Ramsdensche Kreis, fällt mit der Augenpupille zusammen. (Ebene A.)

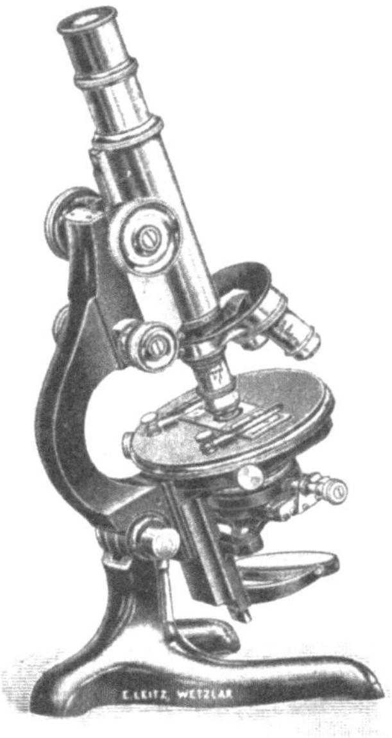

Fig. 104.

Als Auflösungsvermögen des Mikroskops bezeichnet man die Fähigkeit, deutlich erkennbare Bilder zweier sehr nahe beieinander liegender Objektpunkte zu liefern. Sie wird wesentlich bedingt durch die Größe der Apertur des Objektivs. Bezeichnen wir allgemein als numerische Apertur den Ausdruck:

$$a = n \cdot \sin u \quad \ldots\ldots\ldots\ldots \quad Gl.\ 35$$

worin u der Winkel ist, den die äußersten Strahlen des das Objekt durchsetzenden Strahlenkegels gegen die optische Achse einschließen, n der Brechungsquotient des Mediums, in das das Objekt eingebettet ist, so ergibt sich für das Auflösungsvermögen die Beziehung:

$$d = \frac{\lambda}{2 \cdot a} \quad \ldots\ldots\ldots\ldots \quad Gl.\ 36$$

worin d der Abstand zweier benachbarter Teile des Objektivs, λ die Wellenlänge des zur Beleuchtung verwendeten Lichts (s. Kap. VII § 4) und a nach Gl. 35 bemessen ist. d wird offenbar um so kleiner, das Auflösungsvermögen also um so größer, je kleiner die Wellenlänge des verwendeten Lichtes und je größer die numerische Apertur ist. Am günstigsten ist also die Verwendung des blauen oder violetten Lichts, bei mikrophotographischen Aufnahmen auch des ultravioletten Lichts. Ist n = 1, d. h. befindet sich Luft oberhalb und unterhalb des Objekts, so kann nach Gl. 35 höchstens a = 1 werden (u = 90°). Verwendet man jedoch eine Immersionsflüssigkeit an Stelle der Luftschichten, so erzielt man entsprechend größere Werte von a, nämlich gleich den Brechungsquotienten der Immersionsflüssigkeiten, z. B. Wasser: 1,333, Zedernholzöl: 1,52 und Monobromnaphthalin: 1,66. In Fig. 105 sind zwei Fälle des Strahlenganges aus dem Kondensor in die Frontlinse des Objektivs gezeichnet, und zwar A für sog. homogene Immersion, d. h. gleiche Brechungsquotienten auf dem ganzen Wege und B für Luftzwischenräume und auch auf dem übrigen Wege wechselnde Werte von n. Das hindurchgehende Strahlenbündel hat im letzteren Falle einen viel kleineren Oeffnungswinkel, vor allem deshalb, weil die Randstrahlen am Kondensor total reflektiert werden. In Fig. 105 ist: K die obere Kondensorlinse, I die Immersionsflüssigkeit, T der Objektträger, E das Einbettungsmedium mit dem Objekt, D die Deckscheibe, L die Frontlinse des Objektivs.

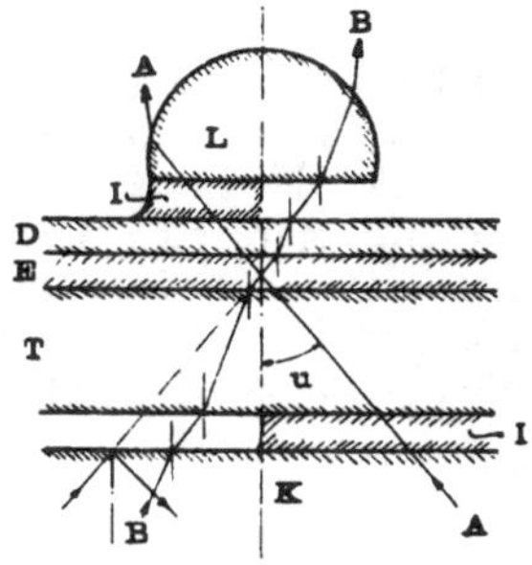

Fig. 105.

Die Ableitung der Gl. 36 geht von einer Erweiterung der Abbildungslehre auf wellentheoretischer Grundlage aus, die besagt, daß von einem Körper von sehr feiner Struktur, z. B. von einem in Glas eingeritzten Beugungsgitter, kein Bild zu erzeugen ist, wenn nicht mindestens das erste von dem Gitter seitlich abgebeugte Strahlenbündel (das Spektrum erster Ordnung s. Kap. VII § 4) mit ins Objektiv gelangt. Ist die Apertur zu klein, um dieser Bedingung zu genügen, so läßt man durch seitliche Verschiebung der eng gestellten Irisblende des Kondensors (s. Fig. 103ª und 104) das beleuchtende Strahlenbündel schräg einfallen, wie Fig. 106 andeutet. Dadurch gelingt es, das erste abgebeugte Strahlenbündel noch in das Objektiv L zu bringen und zur Bilderzeugung heranzuziehen.

Durch Anwendung besonders geformter Kondensoren, die nur Randstrahlen starker Konvergenz aussenden, erzielt man günstigere Beobachtungsbedingungen, indem infolge einer Kontrastwirkung die Objektlinien dunkel auf hellem Grunde, statt hell auf dunklem Grunde erscheinen (Dunkelfeldbeleuchtung).

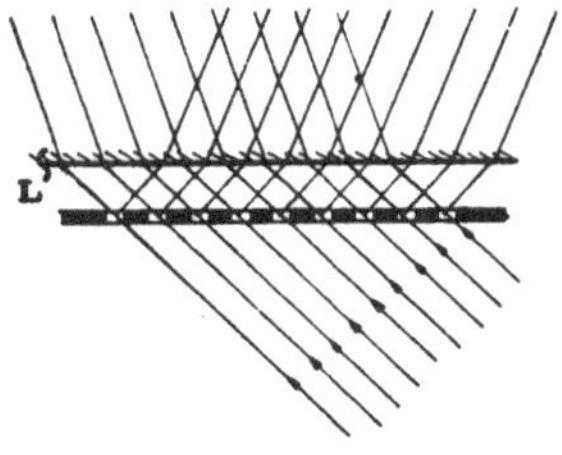

Fig. 106.

Durch Anwendung aller dieser Kunstgriffe gelingt die Auflösung von Teilchen, die nur 0,00012^{mm} voneinander entfernt sind. Noch größere Auflösungskraft erzielt man mittels des Ultramikroskops, bei dem die Beleuchtung des Objektes von der Seite her erfolgt, so daß nur die abgebeugten Strahlenbündel ins Objektiv gelangen.

Zur Messung von Objektgrößen mittels des Mikroskops bedient man sich auf Glas geritzter Mikrometerteilungen, die man entweder wechselweise mit dem Objekt in dessen Ebene oder gleichzeitig in die Ebene des Bildes im Okular (die Blendenebene) bringt und mit dem Objekt (im ersteren Falle

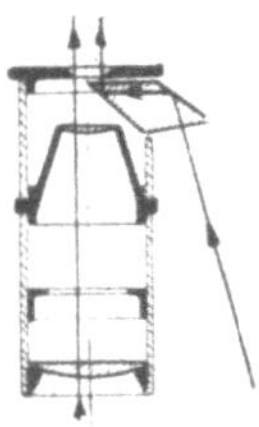

Fig. 107.

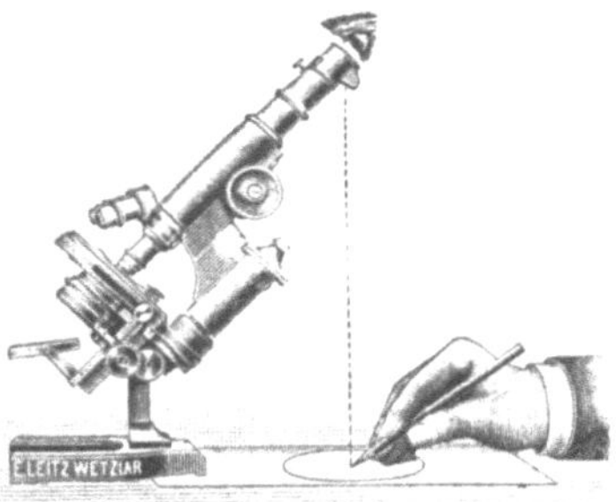

Fig. 108.

bei gleicher Tubuslänge!) vergleicht. Für genauere Messungen wird das Okularschraubenmikrometer verwendet: Ein feiner Quarzfaden wird quer zu seiner Längsrichtung mit Hilfe eines sehr fein geteilten Mikrometers meßbar in der Blendenebene des Okulars verschoben. Der Wert eines Teilstriches wird für eine bestimmte Tubuslänge durch Eichung bestimmt.

Um das beobachtete Objekt aufzuzeichnen, bedient man sich der Camera lucida (Fig. 107 und 108), die als besonderes Okular aufgesetzt wird und gleichzeitige Beobachtung des Objektes und des Zeichenpapiers gestattet. Der Strahlengang (totalreflektierendes Prisma!) geht aus Fig. 107 hervor.

Jedes Mikroskop kann zur Projektion benutzt werden, indem man das Objektiv allein als Projektionssystem benutzt oder ein besonderes Projektionsobjektiv an Stelle des Okulars einführt. Die Achse des Mikroskops läßt sich zu diesem Zwecke wagerecht stellen. Auch zu mikrophotographischen Aufnahmen läßt sich das Instrument nach entsprechender Ausgestaltung benutzen.

§ 3. Die Fernrohre. Die Fernrohre bezwecken: Von einem weit entfernten Objekt ein an sich verkleinertes Bild in der deutlichen Sehweite zu erzeugen, so daß es hier unter einem größeren Gesichtswinkel, also näher erscheint als das Objekt. Die Fernrohre bestehen stets aus zwei Systemen: dem Objektiv, das ein umgekehrtes verkleinertes reelles Bild des Objektes erzeugt. und dem Okular, das die Rolle einer Lupe

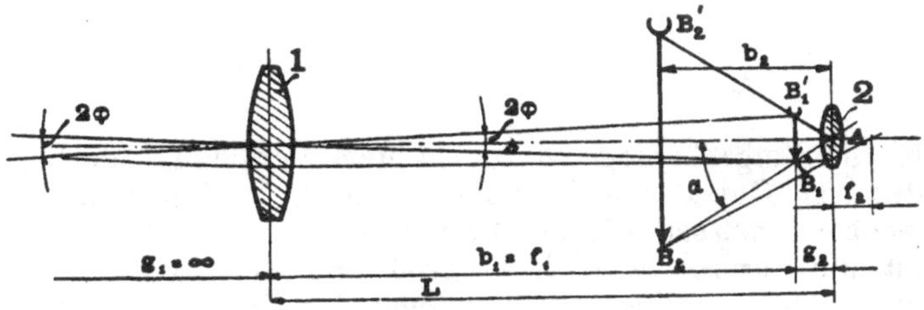

Fig. 109.

spielt wie beim Mikroskop. Als Objektiv dient bei den dioptrischen Fernrohren oder Refraktoren eine achromatische Linse, bei den Spiegelteleskopen oder Reflektoren ein Hohlspiegel. Als Okular dient, wie beim Mikroskop, das Huyghenssche oder das unten (Fig. 110) beschriebene Ramsdensche Okular in ihren modernen Formen.

Fig. 109 zeigt die geometrische Konstruktion des Bildes beim astronomischen Fernrohr. Das im Brennpunkt des Objektivs 1, also im Abstand f_1 von diesem entstehende umgekehrte reelle Bild des Objektes wird in solchen Abstand von dem Okular 2 gebracht, daß dieses ein aufrechtes (also gegenüber dem Objekt ebenfalls umgekehrtes) scheinbares Bild in der deutlichen Sehweite erzeugt. Befindet sich das Auge unmittelbar am Okular, so erscheint das Bild unter dem Gesichtswinkel $2 \cdot \alpha$. Das Verhältnis dieses Winkels 2α zu dem Gesichtswinkel 2φ, unter dem das Objekt dem unbewaffneten Auge erscheint, bezeichnen wir als Vergrößerung. Es ist, wenn wir wieder wie im § 2 Fig. 103 annehmen, daß das Bild $B_1B'_1$ sich in der Brennebene des Okulars befinde, also im Abstand $g_2 = f_2$ von diesem:

$$2 \cdot \operatorname{tang} \varphi = \frac{B_1B'_1}{f_1}; \quad 2 \operatorname{tang} \alpha = \frac{B_1B'_1}{f_2}.$$

Daraus folgt, wenn wir das Verhältnis der tang gleich dem Verhältnis der Winkel setzen, was bei deren Kleinheit zulässig erscheint:

$$\frac{\operatorname{tang} \alpha}{\operatorname{tang} \varphi} = \frac{\alpha}{\varphi} = \frac{f_1}{f_2}.$$

$$V = \frac{f_1}{f_2} \quad \ldots\ldots\ldots\ldots \quad Gl.\ 37,$$

d. h. die Vergrößerung ist gleich dem Verhältnis der Brennweiten von Objektiv und Okular. Um starke Vergrößerungen zu erzielen, müssen wir die Brennweite des Objektivs — und damit die Fernrohrlänge L — groß und die Brennweite des Okulars klein machen. Proportional der Brennweite des Objektivs muß aber dessen Oeffnung vergrößert werden, wenn die Lichtstärke die gleiche bleiben soll (vgl. § 5).

Hier sei noch ein Zahlenbeispiel gegeben: Es sei $f_1 = 80^{cm}$, $f_2 = 2^{cm}$, dann ist:

$$V = \frac{80}{2} = \mathbf{40\,fach.}$$

Länge des Fernrohrs: $L = 80 + 2 = \mathbf{82}^{cm}$ (s. Figur!).

Fig. 110 zeigt noch einmal den Strahlengang unter Verwendung des aus zwei plankonvexen Linsen bestehenden Ramsdenschen Okulars, dessen Bild- oder Blendenebene sich nicht wie beim Huyghensschen Okular zwischen den Linsen, sondern vor der ersten befindet. Dieser Umstand macht das Ramsdensche Okular besonders geeignet für die Kombination mit einem Okularmikrometer (s. § 2). Der Ramsdensche Kreis, d. i. die engste Stelle des Strahlenbündels nach dem Austritt aus der Augenlinse des Objektivs, wird durch eine Blende in Gestalt des Augendeckels so festgelegt, daß er mit der Augenpupille zusammenfällt.

Eine technisch besonders wichtige Anwendung findet das astronomische Fernrohr mit Fadenkreuzokular in den Meßinstrumenten. Das Ablesefernrohr enthält in der Brenn- oder Blendenebene des Okulars gekreuzte Quarzfäden, deren

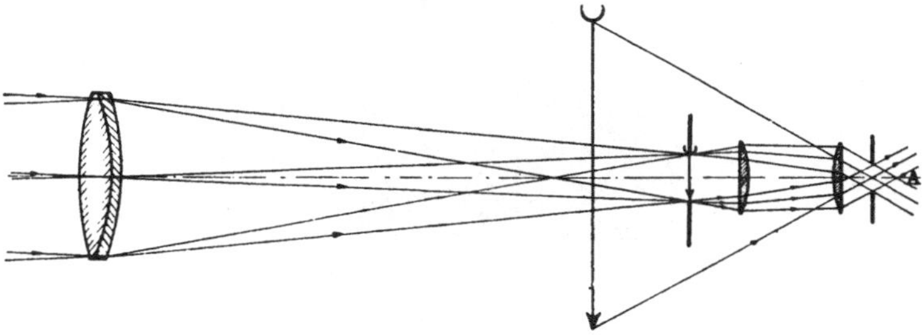

Fig. 110.

Bild mit dem Objektbilde zusammenfällt. Das Kreuz wird je nach dem Verwendungszweck aufrechtstehend oder diagonal angeordnet. Der Schnittpunkt der Fäden fällt in die optische Achse des Fernrohrs. Beispiele für die Ablesefernrohre bieten: der Apparat zur Spiegelablesung Fig. 21 und 22, das Spektrometer Fig. 58 und 59, das Kathetometer Fig. 140 d. Mech. Hier soll als Beispiel aus der großen Klasse der Vermessungsinstrumente, deren Hauptbestandteil ebenfalls ein Ablesefernrohr bildet, das Nivellierinstrument angeführt werden, Fig. 111 (Ausführung von G. Heyde, Dresden). Die optische Achse des Fernrohrs bildet hier gleichsam eine Verlängerung des Niveaus der Libelle. Vermöge der Vergrößerung kann man die Zahlen und Skalenstriche auf einer sehr weit entfernten Meßlatte, deren Bild mit dem wagerechten Faden des

Fadenkreuzes zusammenfällt, genau ablesen und damit die Höhenlage der Fernrohrachse über dem Fußpunkt der Meßlatte (der Bodenhöhe) feststellen.

Fig. 111.

Fig. 112 zeigt ein astronomisches Fernrohr der Firma Karl Zeiß, Jena, das in dieser Form für Objektivdurchmesser von 150—200^{mm} und bis 600fache Vergrößerung gebaut wird. Der scheinbaren Bewegung der Gestirne wird Rechnung getragen, indem das ganze Fernrohr durch ein Uhrwerk um die für den Aufstellungsort geltende Polachse gedreht wird. f ist der Auszug zum Scharfeinstellen des Bildes (Fokussieren). Die Griffe o und p dienen zur Feineinstellung, m und n zum Festklemmen auf den Teilkreisen d für Deklination und h für Stunde. u dient zur ersten Einstellung auf dem Stundenkreise. Die Einstellung auf dem Deklinationskreise kann mittels Fernrohrs abgelesen werden. S ist ein kleines Sucherfernrohr, in dessen großem Gesichtsfeld die erste Einstellung vorgenommen wird, da das kleine Gesichtsfeld des großen Fernrohrs die Einstellung sehr erschwert. A und P dienen zur Korrektion der Polachse, b—b zum Ausbalancieren.

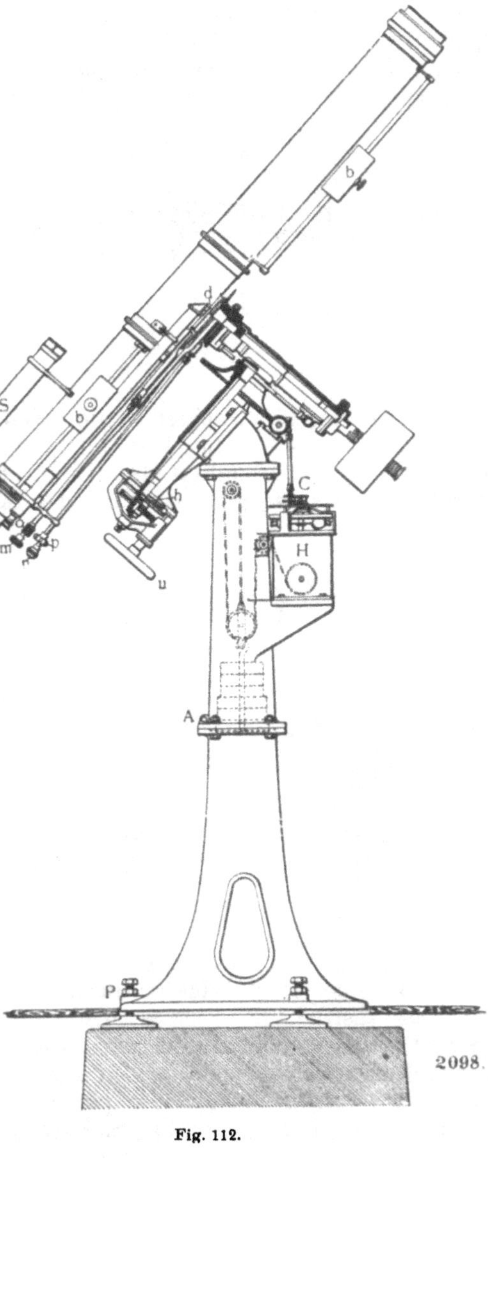

Fig. 112.

Für irdische Beobachtungen ist das astronomische Fernrohr wegen der Umkehrung des Bildes nicht zu gebrauchen. Man verwendet hier das terrestrische Okular, dessen optische Konstruktion nebst Strahlengang aus Fig. 113 zu erkennen sind.

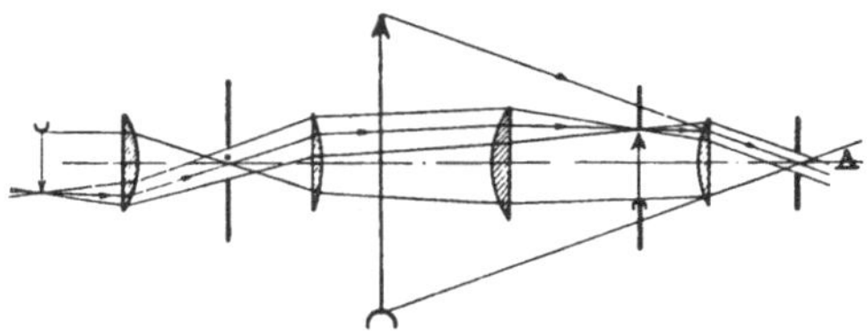

Fig. 113.

Seine große Länge ist ein Nachteil. Die zweifache Aufgabe: Verkürzung des Fernrohres und Aufrichtung des Bildes, wird in günstigster Weise gelöst mittels des Prismendoppelfernrohrs. Die Wirkungsweise geht aus Fig. 114 (Ausführung von

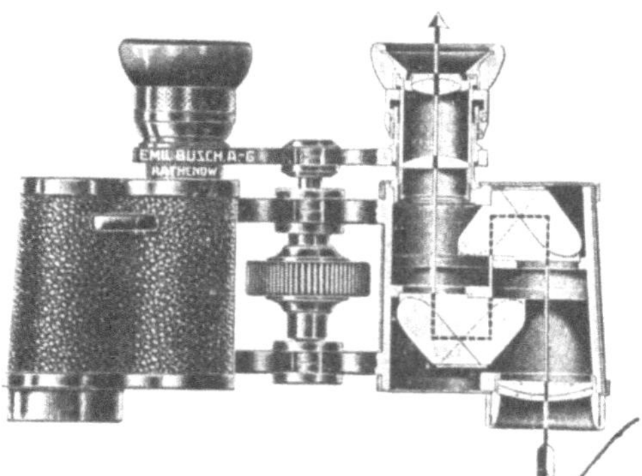

Fig. 114.

Busch-Rathenow) und einer näheren Betrachtung der Fig. 40 hervor. Dieses Instrument zeichnet sich durch starke Vergrößerung und großes helles Bildfeld aus. Durch Vergrößerung des stereoskopischen Effekts nach dem in Fig. 118 angedeuteten Prinzip wird das betrachtete Bild sehr plastisch. (Busch nennt diese Ausführung Stereodoppellicht.) S. auch § 4.

Weniger günstig in dieser Hinsicht, aber ebenfalls vorteilhaft wegen der kurzen Bauart ist das als Operngläs bekannte Galileische Fernrohr (Fig. 115). Das von dem Objektiv 1 erzeugte reelle umgekehrte Bild $B_1B'_1$ kommt hier nicht selbst zustande, sondern die konvergenten Strahlen werden vor ihrer Vereinigung durch die als Okular wirkende Zerstreuungslinse 2 divergent gemacht, und dadurch entsteht das scheinbare vergrößerte mit dem Objekt gleichgerichtete Bild $B_2B'_2$. Es sei $f_1 = 10^{cm}$, $b_2 = -25^{cm}$ (deutliche Sehweite), Abstand der Linsen: $L = 8^{cm}$. Dann ergibt sich die erforderliche Zerstreuungsweite des Okulars aus Gl. 20a:

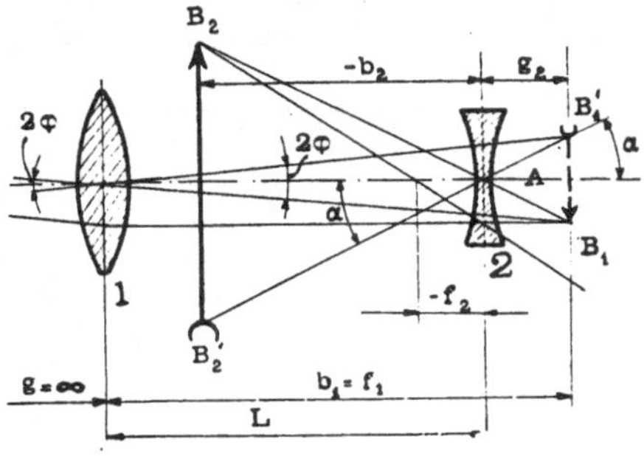

Fig. 115.

$$\frac{1}{f_2} = \frac{1}{-2} + \frac{1}{-25}; \quad f_2 = \frac{-2 \cdot -25}{-27} = \sim -\mathbf{1{,}85}^{cm}.$$

Die Vergrößerung ergibt sich mit $f_2 = \sim g_2$ aus den Beziehungen:

$$2 \cdot \operatorname{tang} \alpha = \frac{B_1 B'_1}{f_2}; \quad 2 \cdot \operatorname{tang} \varphi = \frac{B_1 B'_1}{f_1}$$

$$\frac{\operatorname{tang} \alpha}{\operatorname{tang} \varphi} = \sim \frac{\alpha}{\varphi} = \frac{f_1}{f_2} = V$$

also wie beim astronomischen Fernrohr Gl. 37. In unserem Beispiel ist

$$V = \frac{10}{1{,}85} = \sim \mathbf{5{,}4\,fach}.$$

Von den Spiegelfernrohren, die in jener Zeit, als man noch nicht imstande war, große und vor allem achromatische Linsen herzustellen, eine besonders große Rolle spielten, sei hier nur der Reflektor von Cassegrain kurz erklärt: Der große Hohlspiegel 1 (Fig. 116) würde in seiner Brennebene ein umgekehrtes reelles Bild B_1 des Objektes erzeugen, wenn nicht die Strahlen vorher durch den kleinen Konvexspiegel 2 aufgefangen und zu dem ebenfalls dem Objekt gegenüber umgekehrten reellen Bilde B_2 vereinigt würden. Dieses wird in

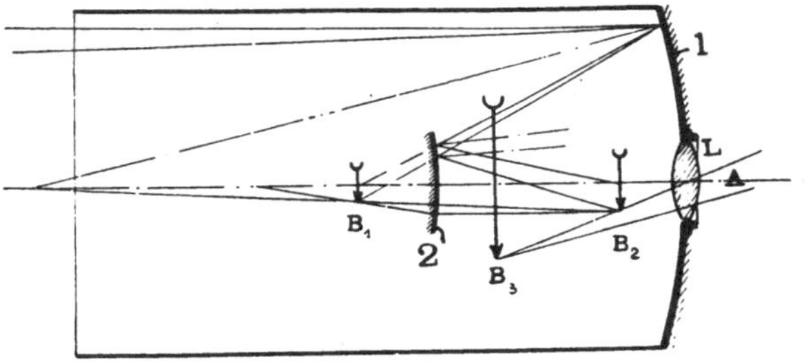

Fig. 116.

bekannter Weise durch das Okular L als Lupe betrachtet. Als Hohlspiegel verwendet man heute Glasspiegel, die auf der Vorderseite versilbert sind. Die Vergrößerung ist:

$$V = \frac{f_1 \cdot v}{f_2},$$

wenn v die durch den Konvexspiegel 2 allein erzeugte Vergrößerung ist. Mit einem großen Reflektor dieser Art erreichte man bis 1000 fache Vergrößerung.

§ 4. Stereoskop und Stereokomparator. Infolge ihres Abstandes sehen unsere beiden Augen einen Gegenstand etwas verschieden. Indem die beiden Bilder in unserem Bewußtsein sich übereinander decken, werden wir in die Lage gesetzt, die Gegenstände körperlich zu sehen, d. h. die Entfernungen der verschiedenen Punkte des Gegenstandes abzuschätzen. (Mit einem Auge gelingt das nur, indem man die perspektivischen Verkürzungen und die Schattenverteilung beobachtet.) Das Stereoskop dient dazu, von zwei Bildern, die von demselben Gegenstand für beide Augen entworfen sind, scheinbare Bilder so übereinander zu decken, daß derselbe Eindruck entsteht wie bei der Betrachtung des dargestellten Gegenstandes selbst. Fig. 117 zeigt die Wirkungsweise des älteren Brewsterschen Stereoskops. Die beiden halben Sammellinsen wirken ähnlich wie Prismen; sie bringen eine scheinbare seitliche Verschiebung der Bilder G nach der Mitte B hervor, so daß die Augenachsen nach dieser Mitte gerichtet werden. Bei diesem Instrument entsteht das Bild in der deutlichen Sehweite. Dabei konvergieren die Augenachsen weit stärker, als es einem weiter entfernten Objekt gegenüber der Fall sein würde. Die Betrachtung von stereoskopischen Landschaftsphotographien mit diesem Apparat bringt daher einen unnatürlichen Eindruck hervor, und man benutzt dazu besser das Helmholtzsche Stereoskop, in dem zwei volle Sammellinsen verwendet sind, die seitlich gegeneinander verschiebbar sind.

Durch künstliche Vergrößerung des Augenabstandes kann man den stereoskopischen Effekt, d. h. die Fähigkeit, auch weiter entfernte Objekte hinsichtlich des verschiedenen Ab-

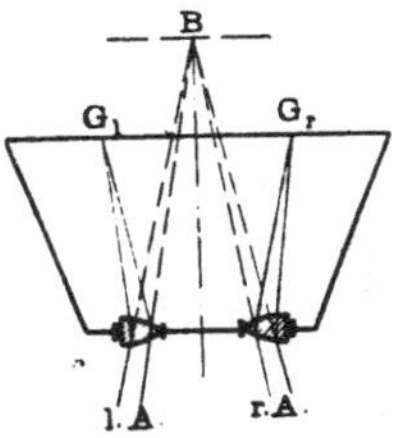

Fig. 117.

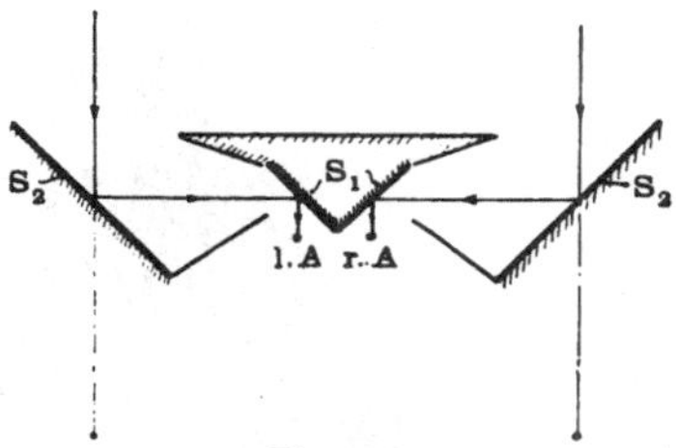

Fig. 118.

standes ihrer Punkte abzuschätzen, bedeutend vergrößern. Von dieser Möglichkeit wird im Telestereoskop von Helmholtz Gebrauch gemacht, dessen Prinzip aus Fig. 118 hervorgeht. Die Spiegel S_1 und S_2 sind um kleine Winkel drehbar, so daß die beiden Bilder übereinander gedeckt werden können. In dem auf einem ähnlichen Prinzip beruhenden Relieffernrohr von Zeiß sind die Spiegel durch totalreflektierende Prismen ersetzt. Das letztgenannte Instrument ist unter der Bezeichnung Stereotelemeter auch zu Entfernungsmessungen, besonders zu militärischen Zwecken, ausgebaut worden. (S. auch Fig. 114).

Eine besonders wichtige Anwendung findet das Stereoskop zur Untersuchung der Gleichheit zweier Zeichnungen, z. B. zur Prüfung der Echtheit von Banknoten. Ein noch so geringer Unterschied in der Lage einzelner Punkte in beiden Bildern kommt nämlich dadurch zur Erscheinung, daß die betreffenden

Punkte gegen die Bildebene vor- oder zurücktreten. Wenn wir zwei Aufnahmen von Sternbildern im Stereoskop betrachten, die in zeitlichem Abstande voneinander photographisch aufgenommen wurden, so hebt sich ein beweglicher Stern, z. B. ein Planet, der zwischen den beiden Aufnahmen seine Stellung gegenüber den Fixsternen geändert hat, aus deren Ebene heraus. So wurden mittels des im folgenden beschriebenen Stereokomparators von Pulfrich mehrere Planeten und veränderliche Fixsterne entdeckt.

In diesem Apparat werden jene Beobachtungen zur Grundlage eines interessanten Meßverfahrens gemacht, dessen Prinzip

Fig. 119.

an Hand des auf das Zeißstereoskop (Fig. 119) aufgesetzten Stereomikrometers erörtert werden soll. In den Gegenstandsebenen bzw. Brennebenen der beiden achsenparallelen Lupen befinden sich gleichzeitig zwei Marken, deren rechte mittels einer Mikrometerschraube seitlich verschoben werden kann. Die beiden Marken werden zunächst so eingestellt, daß sie mit identischen Fernpunkten der beiden Bilder zusammenfallen. Um sie dann mit einem näher gelegenen Punkte P des Bildes zur Deckung zu bringen, muß die eine Marke um das Stück s (Fig. 120) nach innen verschoben werden. Das Bild der Marke wandert bei dieser Verschiebung in der Achsenrichtung der linken Lupe scheinbar auf uns zu. Mit den Bezeichnungen der Fig. 120 gilt dann die Beziehung: $b : m = g : s$. Daraus läßt sich $b = \frac{m \cdot g}{s}$ berechnen. Im Stereokomparator selbst sind die Marken auf Glasplatten in den Brennebenen der beiden Fernrohre feststehend angeordnet, während die Bilder meßbar verschoben werden. Durch Anwendung des in Fig. 118 angedeuteten Prinzips wird erreicht, daß m und g größer werden als in dem Apparat Fig. 120, daß also, um gleiche Tiefen mit der wandernden Marke zu durchlaufen, die Verschiebung s größer und genauer meßbar wird. Die Genauigkeit dieses Verfahrens ist so groß, daß es Pulfrich gelang, aus zwei zu verschiedenen Zeiten aufgenommenen Aufnahmen des Mondes die Tiefe der Mondkrater auszumessen. Dieses photogrammetrische Verfahren hat auch zu Zwecken der Geländeausmessung und zur Beobachtung der Stellung von Schiffen in der Nähe der Meeresküste Verwendung gefunden.

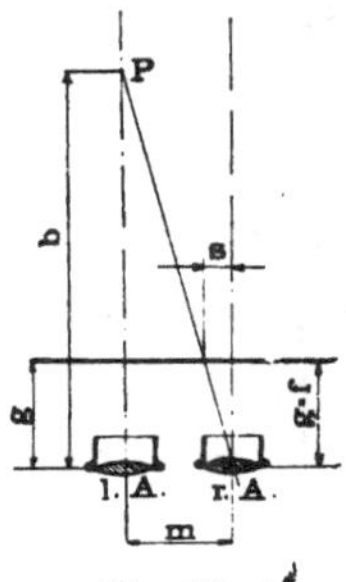

Fig. 120.

Die in den §§ 2—4 behandelten optischen Instrumente werden in Verbindung mit dem menschlichen Auge gebraucht. Hier sollen noch einige wichtige selbständige optische Apparate besprochen werden.

§ 5. Das photographische Objektiv. Die Lichtstärke eines Objektivs ist dem wirksamen Querschnitt der Blendenöffnung direkt, dem Quadrat der Brennweite f umgekehrt proportional. Nennen wir den Durchmesser der wirksamen Blendenöffnung d, so bezeichnet man den Ausdruck d/f als relative Oeffnung. Die Zahlenwerte der relativen Oeffnung (oft auch ihre reziproken Werte) sind bei den besseren Objektiven für alle Blendenöffnungen angegeben. Zwei Objektive verhalten sich hinsichtlich ihrer Lichtstärke, also im umgekehrten Sinne auch hinsichtlich der erforderlichen Belichtungsdauer, wie die Quadrate der relativen Oeffnungen. Ist z. B. für ein Objektiv mit $d/f = 1/6$ als richtige Belichtungszeit bei bestimmter Beleuchtung 2^{sec} erkannt worden und ist bei einem zweiten Objektiv: $d = 12^{mm}$, $f = 240^{mm}$, so ist das Verhältnis der Lichtstärken: $x = (12/240)^2 : (1/6)^2 = 1 : 11{,}11$, und die richtige Belichtungszeit beträgt für das zweite Objektiv bei gleicher Beleuchtung: $2 \cdot 11{,}11 = 22{,}22^{sec}$. Es sei noch bemerkt, daß die wirksame Blendenöffnung nur dann mit dem Blendendurchmesser identisch ist, wenn die Blende vor dem Objektiv steht. Bei den Doppelobjektiven mit zwischen den Linsen liegender Blende ist der wirksame Blendendurchmesser größer, da die Strahlen schon durch die erste Linse konvergent gemacht werden.

Als Tiefenschärfe oder kurz Tiefe eines Objektives bezeichnet man seine Fähigkeit, in verschiedenem Abstande vom Apparate befindliche Objekte gleichzeitig scharf zu zeichnen. Die Tiefe zweier Objektive ist gleich, wenn sie gleiche Brennweite und Blendenöffnung haben. Bei verschiedener Brennweite, aber gleicher relativer Oeffnung ist die Tiefe dem Quadrate der Brennweite umgekehrt proportional, d. h. die Tiefe ist um so größer, je geringer die Brennweite ist. Sie ist bei demselben Objektiv auch um so größer, je kleiner die Blendenöffnung ist. Die Objektive der kleinen Handkameras mit kurzer Brennweite zeichnen daher bei fester Einstellung auf Unendlich alle Teile des Objektes bis auf $1-2^m$ Kameraabstand scharf. Fig. 121 zeigt einen Vergleich zwischen der Wirkungsweise zweier Objektive a und b von verschiedener Brennweite. Die kleinere Brennweite (f_b) ergibt ein größeres Bildfeld, zeichnet aber die Einzelheiten des Bildes kleiner als das Objektiv mit der größeren Brennweite (f_a). Um eine bestimmte Plattengröße bis zum Rande scharf auszuzeichnen, muß die wirksame Oeffnung φ um so größer sein, das Objektiv muß um so weitwinkliger sein, je geringer die Brennweite ist. Um mit kleiner Brennweite die gleichen Größenverhältnisse zu erhalten wie mit großer Brennweite, muß man den Apparat näher an das Objekt heranbringen. Dadurch entstehen bei manchen Objekten unschöne Wirkungen in der Perspektive; der Vordergrund erscheint zu groß, der Hintergrund zu klein. Weitwinkelobjektive

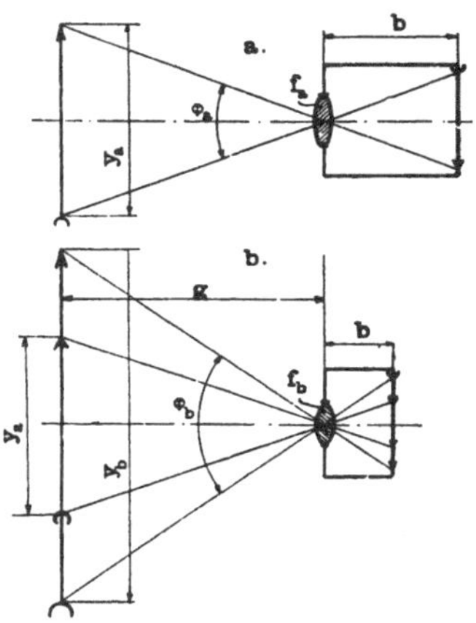

Fig. 121.

werden also nur da am Platze sein, wo solche Wirkungen nicht stören oder wohl gar erwünscht sind, z. B. bei Aufnahmen von Innenräumen oder wo man keinen genügend weiten Abstand vom Objekt gewinnen kann.

Das photographische Objektiv soll ausgedehnte Flächen lichtstark, d. h. mit möglichst weit geöffneten Strahlenbündeln abbilden. Es soll möglichst frei von Fehlern der chromatischen und sphärischen Aberration und des Astigmatismus und der Bildwölbung sein. Unter diesen Gesichtspunkten sind die folgenden Systeme zu beurteilen:

Die einfache, nicht achromatische Linse weist alle die genannten Fehler auf. Sie wird dennoch gelegentlich zu Porträtaufnahmen benutzt, um „künstlerische Unschärfe" zu erzielen. Da das photochemisch wirksame Bild der Linse näher liegt als das deutlich sichtbare Bild (s. Kap. V § 1, Kap. VI § 4), so muß die photographische Platte dem Objektiv etwas näher gerückt werden als die Mattscheibe, auf der man die Einstellung vorgenommen hat, da sonst die Unschärfe zu groß würde.

Die aus zwei Linsen zusammengesetzte achromatische, sog. Landschaftslinse liefert bei geeigneter Ablenkung (etwa $d/f = 1/15$) von Landschaften und auch von richtig angeordneten Gruppen klare Bilder, ist jedoch nicht frei von Verzeichnung (Distorsion) und deshalb z. B. für Architekturaufnahmen nicht geeignet.

Höheren Anforderungen entsprechen die aus zwei getrennten achromatischen Einzelsystemen zusammengesetzten Doppelobjektive. Das älteste von ihnen, das Petzvalsche Porträtobjektiv, ist sehr lichtstark, hat aber geringe Tiefe und zeichnet auch nur die Bildmitte ganz scharf. Es findet zu Porträtaufnahmen und zu Momentaufnahmen im Atelier Verwendung.

Die Aplanate werden für die verschiedenen Zwecke, z. B. Porträt-, Gruppen-, Landschaftsaufnahmen, und als Weitwinkelobjektive besonders konstruiert und liefern ein verhältnismäßig lichtstarkes, von Verzeichnung freies Bild.

Die größte Vollkommenheit weisen die Anastigmate auf. Sie zeichnen bei voller Blendenöffnung, also größter Lichtstärke, ein großes Bildfeld korrekt aus, d. h. sie sind lichtstarke Weitwinkelobjektive. Bei manchen Konstruktionen ist die Vorderlinse abschraubbar angeordnet. Die Hinterlinse allein weist dann etwa die doppelte Brennweite auf und zeichnet daher die Einzelheiten des Objektes doppelt so groß als das ganze Objektiv. Die Hinterlinse ist deshalb sowohl für manche Landschaftsaufnahmen als auch für Porträtaufnahmen geeignet, da sie einen größeren Kameraabstand gestattet.

Für Aufnahmen sehr entfernter Objekte bedient man sich des Teleobjektivs, das aus einem gewöhnlichen Doppelobjektiv und einer Zerstreuungslinse besteht und bei verhältnismäßig kurzem Kameraauszug große Bilder liefert.

§ 6. Die Projektionsapparate. Fig. 122 zeigt den optischen Teil eines Apparates zur Projektion durchsichtiger Gegenstände, z. B. von Glasphotogrammen. Das von der Lichtquelle ausgehende Licht wird durch den aus zwei oder drei

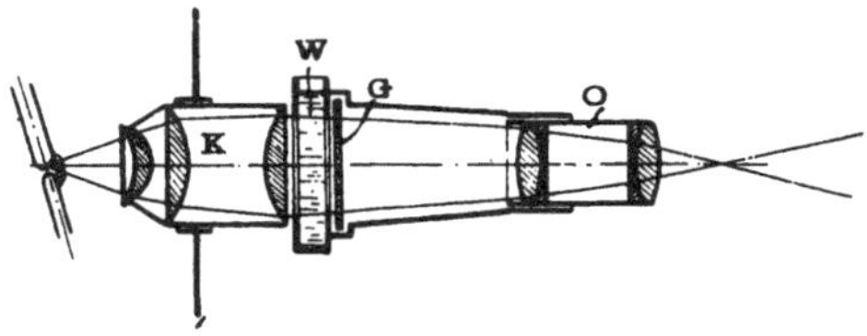

Fig. 122.

Sammellinsen bestehenden Kondensor K zu einem konvergenten Bündel zusammengezogen, das die Kühlwasserküvette W und dann den zu projizierenden Gegenstand G durchsetzt. Von diesem erzeugt das aus zwei achromatischen Linsensystemen bestehende Objektiv O ein umgekehrtes vergrößertes Bild auf dem weißen Projektionsschirm. Das Objektiv soll zur Erzielung großer und heller Bilder große Oeffnung und kleine Brennweite haben. Zahlenbeispiel: Es sei Schirmabstand vom Objektiv: 8^m, Brennweite: $f = 24^{cm}$. Dann wird nach Gl. 20a:

$$\frac{1}{g} = \frac{1}{24} - \frac{1}{800} = \frac{800-24}{24 \cdot 800}; \; g = 24{,}74^{cm}, V = \frac{800}{24{,}74} = \sim \mathbf{32{,}4\,fach.}$$

Ist das nutzbare Format der Diapositivplatte $8 \cdot 8^{qcm}$, so hat das Bild die Abmessungen: $\sim 260 \cdot 260^{qcm}$.

Als Lichtquelle wird am besten eine elektrische Bogenlampe verwendet, die man meistens mit Handregulierung versieht (Fig. 123). Ist elektrischer Strom nicht verfügbar, so liefert das Drummondsche Kalklicht ausreichende Hellig-

Fig. 123.

keit (Fig. 124). Ein Kalkzylinder wird durch ein Knallgasgebläse (Wasserstoff und Sauerstoff im Brenner gemischt) auf Weißglut erhitzt. Statt des Wasserstoffs wird auch Leuchtgas verwandt. Um undurchsichtige Gegenstände, z. B. Abbildungen in Büchern, zu projizieren, benutzt man das Episkop, das meistens als Ergänzungsapparat zum Diaskop konstruiert wird (s. unten Fig. 126).

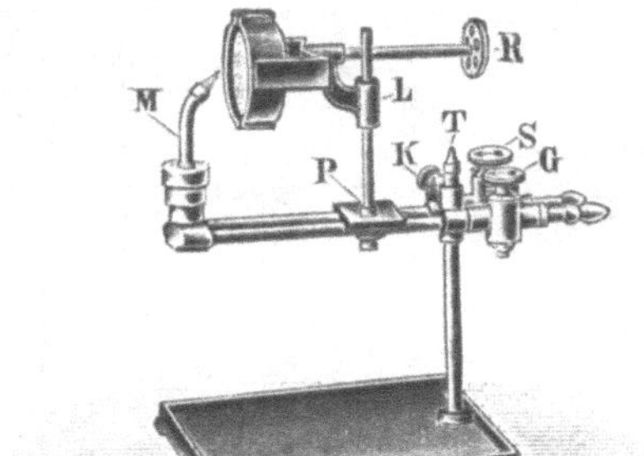

Fig. 124.

Die meist in einfacheren transportabeln Apparaten verwendete Konstruktion (Fig. 122) hat den Nachteil, daß die Kondensorlinsen hohen Temperaturen ausgesetzt sind und daher bei der Abkühlung leicht zerspringen und daß sie leicht beschlagen. Einen modernen größeren Apparat von E. Leybolds

Nachf. für ortfeste Aufstellung zeigt Fig. 125. Als Lichtquelle wird hier ein Bogenlampenscheinwerfer mit liegenden Kohlen

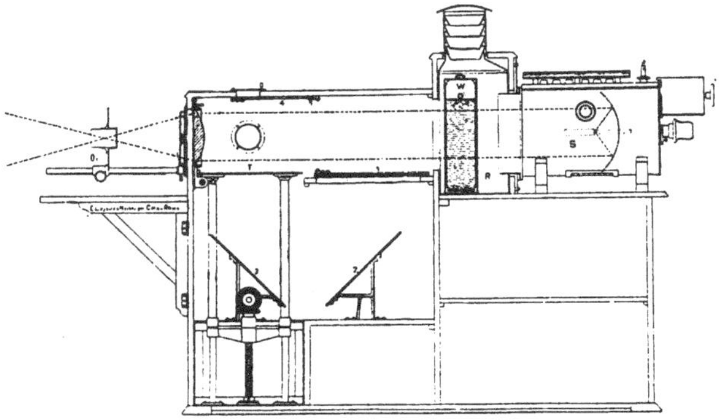

Fig. 125.

verwendet (§ 7), der mittels Hohlspiegels ein nahezu zylindrisches Strahlenbündel durch die Kühlwasserküvette und dann erst auf die einzige Kondensorlinse wirft. Fig. 126 zeigt, wie man mit diesem Apparat einen liegenden Gegenstand mit senkrechtem Strahlengang in der Durchsicht und nach Herabklappen des Spiegels 1 in der Aufsicht (episkopisch) projizieren kann. Ersetzt man den Spiegel 1 durch eine nur teilweise reflektierende unbelegte Glasplatte, so kann man den Gegenstand gleichzeitig in der Durchsicht und in der Aufsicht projizieren (z. B. Dünnschliffe).

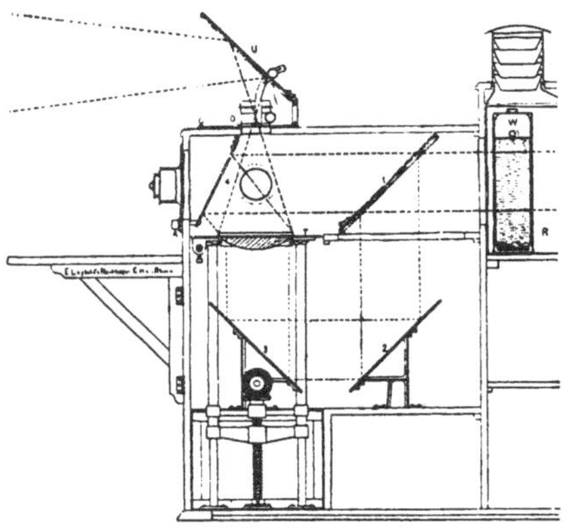

Fig. 126.

§ 7. **Die Scheinwerfer.** Zweck der Scheinwerfer ist: Beleuchtung ferner Gegenstände und optische Zeichengebung auf große Entfernungen. Zur Erreichung dieser Ziele muß man einen möglichst großen Teil des von einer starken Lichtquelle ausgehenden Lichtstroms zusammenfassen und als möglichst paralleles Bündel nach einer Richtung aussenden. In Leuchttürmen bedient man sich zu diesem Zwecke vielfach der Fresnelschen Zonenlinsen (Fig. 127). Um eine zentrale Linse von geringer Apertur sind konzentrische Linsen von Ringgestalt angeordnet, deren Brennpunkte sämtlich mit dem der mittleren Linse zusammenfallen. So wird die sphärische Aberration, die bei Verwendung nur einer Linse eintreten würde, vermieden. Die äußersten Strahlen werden durch totalreflektierende Prismenringe aufgefangen und ebenfalls mit den übrigen parallel gerichtet.

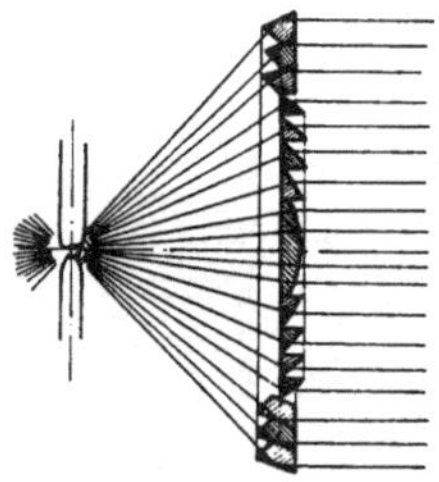

Fig. 127.

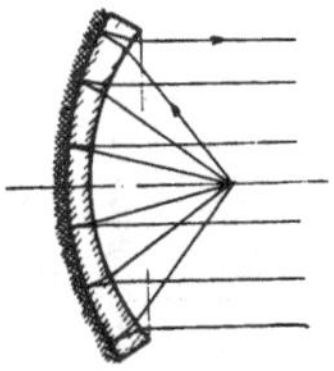

Fig. 128.

In den eigentlichen Scheinwerfern verwendet man statt des Linsensystems Spiegel. Der Manginsche Spiegel (Fig. 128) ist eine auf der Rückseite versilberte Konvexkonkavlinse von solchen Krümmungsverhältnissen, daß alle Strahlen, die von der auf der Linsenachse liegenden Lichtquelle herkommen, unter Mitwirkung ihrer zweimaligen Brechung der Linsenachse parallel gerichtet werden. Den Schuckertwerken (heute Siemens-Schuckertwerken), die in Deutschland in erster Linie den Bau großer Scheinwerfer betreiben, gelang die Erzeugung des parabolischen Reflektors von großen Dimensionen. Würde die im Brennpunkt eines solchen Spiegels stehende Lichtquelle vollkommen punktförmig sein, so würde ein genau zylindrisches Strahlenbündel entstehen, und in diesem würde, abgesehen von der Absorption in der Luft, die Beleuchtungsstärke nicht abnehmen, wie weit auch immer wir das Strahlenbündel verfolgen würden. In Wirklichkeit ist aber keine Lichtquelle punktförmig, und so tritt eine geringe Streuung auf, die das Lichtbündel kegelförmig erscheinen läßt und die uns insofern willkommen ist, als dadurch um so größere Flächen beleuchtet werden, je weiter diese vom Scheinwerfer abstehen. Um breite Geländestreifen abzusuchen, breitet man absichtlich das Lichtbündel in horizontaler Richtung durch Anwendung sog. Streuer noch weiter aus. Fig. 129 zeigt das Prinzip des in dem Schuckertschen Scheinwerfer (Fig. 130[a, b]) verwendeten Doppelstreuers. Er besteht aus zwei hintereinander gelegten Systemen streifenförmiger Zylinderlinsen, die in verschiedenen Abstand A voneinander gebracht werden können. In der Stellung a tritt das Strahlenbündel parallel aus, wie es ohne Anwendung des Streuers der Fall sein würde. In der Stellung b verursachen sie eine Streuung in der angegebenen Weise. In den Zwischenräumen

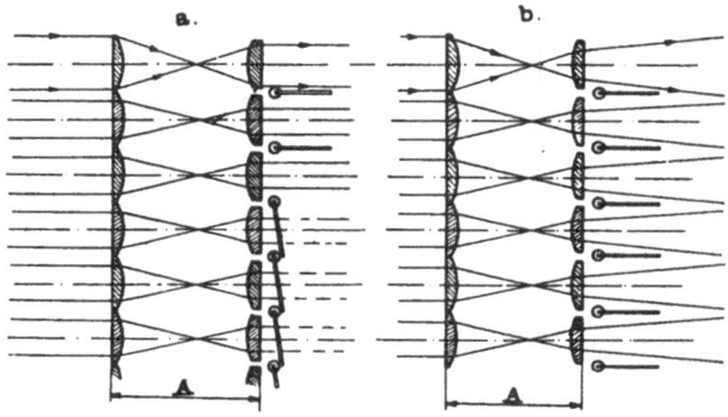

Fig. 129.

zwischen den äußeren Linsenstreifen findet sich Platz für Jalousieblenden, die eingeschwenkt, wie unten gezeichnet, den ganzen Scheinwerfer abblenden. In andern Ausführungen, z. B. in der aus Fig. 130[a, b] ersichtlichen, wird hierfür eine Irisblende verwendet. Als Lichtquelle dient eine Gleichstrombogenlampe mit wagerecht liegenden Kohlen und selbsttätiger Regulierung, die jedoch auch von Hand beeinflußt werden kann. Der Krater kann zu diesem Zwecke mittels zweier Spiegelvorrichtungen wagerecht und senkrecht beobachtet werden. Das ganze Scheinwerfergehäuse ist um die senkrechte Achse drehbar und um eine wagerechte Schwerpunktsachse schwenkbar eingerichtet. Die Bewegungen werden hier durch zwei Elektromotoren von fern her — etwa von der Kommandobrücke eines Schiffes aus — betätigt. Die Fernbewegung ist notwendig, da man um so besser die durch den Scheinwerfer beleuchteten Gegenstände beobachten kann, je schräger gegen die Strahlrichtung man beobachtet. Für eine mittelgroße Ausführung ergeben sich folgende Zahlenangaben: Spiegeldurchmesser 900^{mm}, Kraterdurchmesser 14^{mm}, Stromstärke $75^{Amp.}$, Spannung 49^{Volt}, Licht-

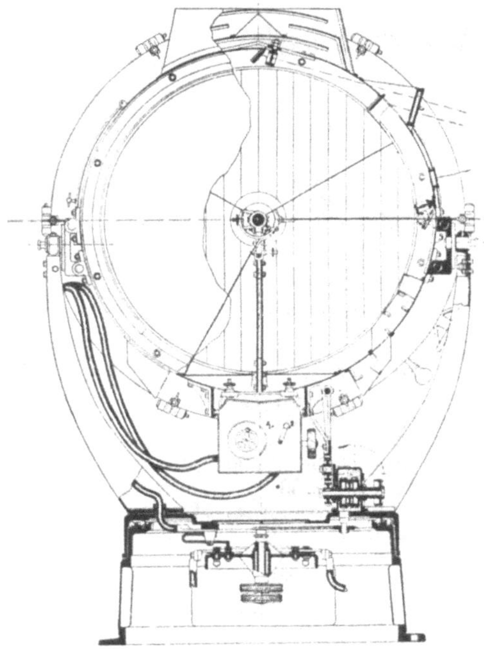

Fig. 130 a.

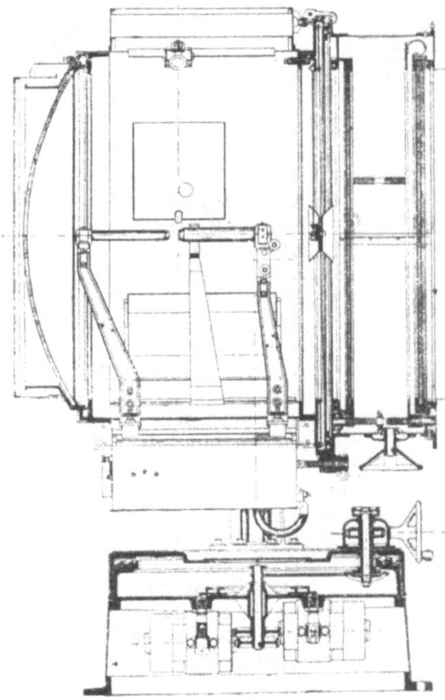

Fig. 130 b.

stärke der Lampe 17800^{HK}, Beleuchtung bei einer Absorption von 10,4 % für das Kilometer in 1000^{m} Entfernung $45{,}5^{Lux}$, in 2000^{m} Entfernung $10{,}2^{Lux}$. (Näheres siehe: Scheinwerfer und Fernbeleuchtung von F. Nerz, Stuttgart, Enke, aus welchem Buch die vorstehenden Angaben entnommen sind.)

Alphabetisches Sachregister.

(Die beigefügten Ziffern verweisen auf die Seitenzahlen.)

P.

Q.

R.

S.

T.

Druck von C. Schulze & Co., G. m. b. H., Gräfenhainichen.

FSC
www.fsc.org
MIX
Papier | Fördert gute Waldnutzung
FSC® C083411

Zeitfracht Medien GmbH
Ferdinand-Jühlke-Straße 7
99095 Erfurt, Deutschland
produktsicherheit@kolibri360.de